顿悟的你

才能成就
更好的自己

1

张兵 著/

天津出版传媒集团

天津人民出版社

图书在版编目（CIP）数据

顿悟的你,才能成就更好的自己 / 张兵著. -- 天津:
天津人民出版社, 2016.4
ISBN 978-7-201-10194-1

Ⅰ.①顿… Ⅱ.①张… Ⅲ.①人生哲学–通俗读物
Ⅳ.①B821-49

中国版本图书馆 CIP 数据核字(2016)第 048124 号

顿悟的你,才能成就更好的自己
DUNWUDENI, CAINENGCHENGJIUGENGHAODEZIJI

张兵 著

出　　版　天津人民出版社
出 版 人　黄　沛
地　　址　天津市和平区西康路 35 号康岳大厦
邮政编码　300051
邮购电话　(022)23332469
网　　址　http://www.tjrmcbs.com
电子信箱　tjrmcbs@126.com

责任编辑　刘子伯

制版印刷　北京文昌阁彩色印刷有限责任公司
经　　销　新华书店
开　　本　880×1230 毫米　1/32
印　　张　9.25
字　　数　192 千字
版次印次　2016 年 4 月第 1 版　2016 年 4 月第 1 次印刷
定　　价　36.80 元

Contents 目录

第三章 净土其实在你心中

第四章 不愤怒的人生哲学

第五章 放下忧愁，一切都是浮云

第六章　留只眼睛看自己

第七章　天堂和地狱就在一念间

第八章 慈悲之心成就别人，更能成就自己

第九章 用穿越时空的眼光看生死

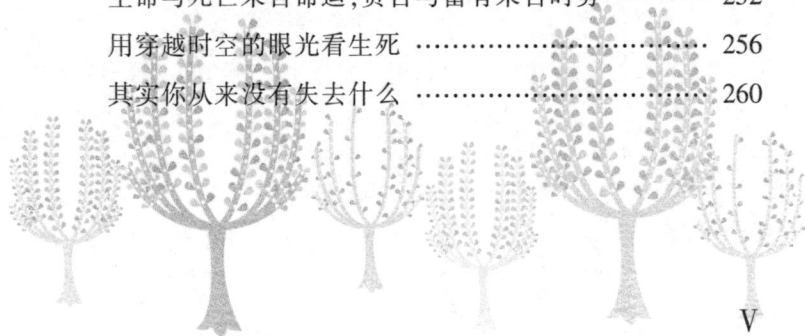

第十章 全心全意做自己

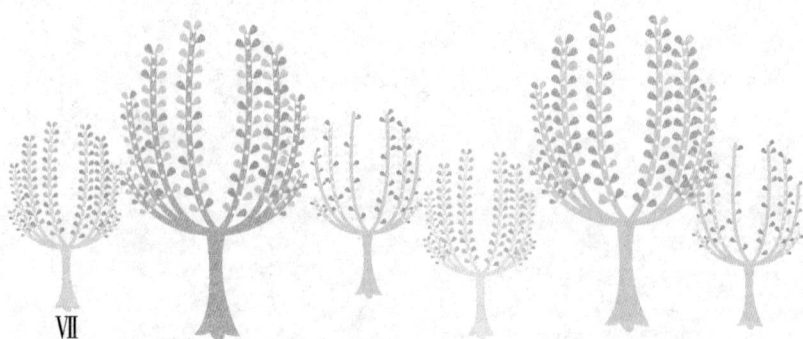

第一章 安好你的心

四大皆空的境界

　　唐代的玄机尼师是六祖惠能法传三大弟子之一的永嘉大师的胞妹,她先是与兄、母同住温州开元寺,互参佛法,后到大日山的石窟里修习禅定。

　　有一天,她忽然感叹:佛性本来澄明,无去无住,而我为了逃避喧闹躲到石窟山洞里面,怎么能得到真正的觉悟?于是便走出山洞到山下去参访雪峰禅师。两人一见面就是电光火石般的一次交锋。

　　雪峰:"你从哪儿来?"

　　玄机:"从大日山来。"

　　雪峰:"太阳出来了没有?"

　　玄机:"如果太阳出来了,雪峰就会融化。"

　　雪峰:"你叫什么?"

　　玄机:"玄机。"

　　雪峰:"既然是玄妙的织机,每天能织多少布?"

　　玄机:"寸丝不挂。"

　　说完,玄机行礼告退,还没走到门口,雪峰在身后突然叫道:"你的袈裟拖在地上了。"

　　玄机听了急忙回头察看,只听雪峰笑道:"好一个寸丝不挂!"

　　每一种人生都会遭遇不同的烦恼和困惑，在成长的道路中，我们如果不能把这些杂念丢掉，那么这辈子注定会被它们所困扰。比如我们在恋爱时，经历过甜蜜的幸福后突然遭遇分手，这样就会使人悲伤，你会整日的茶不思饭不想，在颓废中浑浑噩噩地度日。其实，感情是靠缘分的，如果我们一味地强求反而不会幸福，如果我们能放下，不管是幸福也好悲伤也好，只要我们怀着一颗大爱之心，爱过之后就不后悔，那么结果也就无所谓了。不要去想过去的美好，或是强制自己忘掉那些记忆，只要我们能够坦然，一切照着自己的感觉走，你就会发现原来烦恼都是自找的。

　　每一个人都希望自己有一个完美的人生，也想有一个快乐的心境。烦恼每个人都不想拥有，但是人只要生活就注定免不了烦恼，大千世界给了我们这么多东西，总有一些是不合心意的。只要我们能够有一颗平常心，一切顺其自然，把万物当空，也就没有了舍和得，每一样东西都是上帝的，也许就不会烦恼了，孑然一身的人，怎么可能会被烦恼困住呢？

　　把万物做空，四大皆空，你的心境也就达到一个很高的境界了。当然万物皆空并不是一个消极的态度，并不代表没有追求，只是让我们能够从容地面对生活。对每一件事都看开，你的世界也就没有烦恼了。

做一个真正的自由人

禅宗四祖道信大师，俗姓司马，七岁出家，自幼对大乘空宗诸解脱法门非常感兴趣。

隋开皇十二年(公元 592 年)，当时还是个小沙弥的道信，前去礼谒三祖僧璨大师。

施礼完毕，道信便向僧璨求教："望大师慈悲，传授我解脱的法门。"

三祖反问："解脱？谁绑住了你？"

道信一愣，转而说："没有人绑住我。"

三祖又问："既然没有人绑住你，又何来解脱？"

道信闻言大悟。

❦

自由的人需要一颗自由的心，只有自己的心做到自由，抛开烦恼，那么你的身才可以获得自由。如果内心被太多的杂念所束缚，那么就永远不会快乐，想自由，也是妄谈。我们正因为内心有很大的分别心才导致什么事情都去评判一番，什么是好的，什么是不好的，什么是快乐，什么是烦恼，一旦有这样的评判，那么烦恼和束缚也就来了。

很多人在生活中总是抱怨自己有太多的烦恼，有太多的不如意，其实，这些不如意都是因为自己的心境造成的。比如，我们去做一件事情，别人说了一些不中听的话，我们也许会被这样的话所困扰,认为自己是不是错了,是不是没有能力做这件事情。这样的评判就会误导自己的心思,会产生烦恼。如果我们能够放下这些杂念,什么都不去想,也许会把这件事情做得很成功。大多数人的束缚都是因自己的意念而起的,如果没有这些束缚,那么你可以是一个自由的人,不会受制于他人!

我们在生活中要以一颗平常心去生活,凡事不急不躁,按照事态的发展规律去做,不强制自己做不喜欢的事情,那么我们才有可能获得快乐。要想自由,就应该让自己的心自由,如果心里藏着很多东西,桎梏着它的跳动,那么身体也会受到桎梏。

如果我们遇到不顺心的事情,就要勇敢地面对,现实有时候是很残酷,但是不去面对就只能受制于它,也许坚强是最好的解决方式。唯有心强大了,整个人也就显得很有精神,开开心心地我随我愿,这便是一个自由的人生!锻炼好自己的内心,便是成熟的标志!

消除烦恼的最好办法是"无念"

南北朝时,佛教禅宗传到五祖弘忍大师手上,弘忍门下有弟子五百余人,翘楚当属大弟子神秀。

弘忍逐渐老迈,转眼到了选择接班人的年纪。这天,他对众弟子说,大家都做一首谒子(有禅意的诗),谁做得好,就传衣钵给谁。

神秀很想继承衣钵,但他又怕别人说他是出于继承衣钵的目的去做谒子,于是他就半夜起床,在院墙上写了一首匿名谒子:

身是菩提树,

心为明镜台。

时时勤拂拭,

勿使惹尘埃。

大意是说,要通过不断地修行抗拒外界的诱惑和种种邪魔,才能最终成佛。这是一种入世的心态,走的是北派僧人"渐悟"的路子,与禅宗的"顿悟"有本质的区别。但是,能识得个中三味者也非得是已经顿悟的人不可。因此,第二天早晨,众弟子看到这个谒子后纷纷说好,大部分人也都猜到了这个谒子出自神秀之手,但弘忍却没做任何评价,因为他知道神秀还没有顿悟。

与此同时,寺院厨房里的一个火头僧——慧能也听到了这个谒子。为什么说是听到而不是看到呢?因为慧能是个文盲，大字不识一个。但是刚听别人读完这首谒子，慧能就说："这个人还没有领悟到真谛啊。"然后慧能也做了一个谒子，央求一位师兄帮他写在神秀所做谒子的旁边：

菩提本无树，

明镜亦非台。

本来无一物，

何处惹尘埃？

由这首谒子可以看出，慧能虽然是个文盲，但他是个有大智慧的文盲，至少他的谒子非常契合禅宗"顿悟"的理念。这个谒子是一种出世的心态，大意是说世上本来就是空的，世间万物都逃不脱一个空字，如果心本来就是空的话，又何必需要刻意地去抗拒外界的诱惑？让它们从心而过，不留痕迹多好！这是禅宗的一种很高的境界，领略到这层境界的人，就是所谓的开悟了。

弘忍看到这个谒子后，忙问身边的人是谁写的，有弟子说是慧能写的，于是他把慧能叫来，故意当着其他僧人的面说慧能的谒子写得乱七八糟，胡言乱语，并命人擦掉这个谒子，但他却意味地深长地在慧能头上打了三下，然后转身就走。慧能理解了弘忍的意思，当天夜里三更时分他去了弘忍的禅房，弘忍当即为他讲解了《金刚经》这部禅宗最重要的经典，并传了衣钵给他。为防止神秀等人嫉妒、伤害慧能，弘忍还授意慧能立即逃走，等待有利时机再光大禅门。于是慧能连夜远走南方，隐居10年后在莆田少林寺创立了禅宗的南宗。而神秀在第二天得知此事后，果然嫉妒慧能，也曾派人去追击慧能，试图武力抢夺衣钵，但没有追到慧能。后来，

神秀做了梁朝的护国法师,创立了禅宗的北宗。

生活在这个社会的每一个人,都或多或少存在着欲望,有的想升官发财, 有的贪恋美色, 不同的欲望就构成了人们贪婪的心,也就有了所谓的杂念。一旦杂念产生,烦恼也就有了。贪念是我们成长过程中遇到的最大敌人, 有的人甚至为了自己的贪念谋财害命,贪念决定着一个人人格的高低,如果我们能够去除贪念,那么你的人生起码得到了尊严!

大多数人不愉快的原因就是因为自己的贪念太重, 这个想要,那个也想要,追来追去才知道没有一样东西是自己的想要的,而真正适合自己的东西摆在面前都没有珍惜。假如我们可以放下一切,把所有的东西都当成空,也许就没有烦恼了。烦恼都是自己造成的,我们不要经常拿烦恼来惩罚自己的内心!

所有成功者的内心都是很成熟的, 他们不会因为自己的得失而时而欢喜时而忧愁,我们生活在这五光十色的社会,贪婪和欲望总会时不时地去找你,我们的心随时遭遇着挑战,如果不能控制自己的内心,那么一定会被它们束缚,害其一生。而人生最大的痛苦就是被欲望缠身,失去自我。

很多人都因自己的贪心太重而误了终生,有的身陷牢笼,有的郁郁而终。所以,我们一定要压制自己的欲望和贪念,凡事平和对待,该是自己的它一定会去找你,不该是你的即使你付出千倍的努力也不会得到。我们要把贪念抛弃,把万物做空,唯有这样才会有一个快乐的人生!

心外无物,郁闷自除

慧能在五祖弘忍处得到衣钵,为避免纷争连夜逃往南海。

有一天,慧能听到周围的人奔走相告,说今天广州法性寺著名的印宗禅师要开讲《涅槃经》,慧能于是随僧众来到法性寺听经。只见讲坛上竖起了五彩的蟠旗,迎风招展,有两个和尚见了,其中一个随口说:"今天风大,幡都吹动起来了。"

另一个反驳道:"不,这不是幡动,而是风动。"

两人各不相让,争论不休,引得周围一大群人驻足围观。慧能瞅准时机,朗声说道:"不是幡动,也不是风动,而是你们二位的心在动。"两个和尚一听立刻恍然大悟。

这件事迅速传到了印宗禅师耳中,印宗禅师大惊,立刻明白慧能的一番话正是自己要开讲的《涅盘经》的中心思想,于是马上拜慧能为师,并请他升坛说法。

佛家是唯心的,认为"万物皆由心生""心外无物",虽说这是错误的,但禅宗尤其是在强调心灵修炼方面也有其不可替代的意义。当今社会,物欲横流,人们的价值观也越来越偏离,甚至是畸形。挺乐观的一个人,只因看到别人开着宝马自己却骑着自行车,突然间就郁闷起来。其实别人开宝马与你有多大

的关系呢？我们总是执着于外界的现象而忽略了自己的内心，而现代社会的很多问题的产生却又偏偏出自于我们的内心。所以我建议，大家心态上要知足，行动上要永不知足。或者说，大家做事情时要尽量唯物，实事求是，但在生活方面，还是唯心一点儿的好，千万别看到风动幡动就心动。

这个世界上有很多人都是随大流的人，因为别人做出一些名堂他也要去做，别人开跑车住豪宅，他也想和别人一样，总之只要是别人喜欢做的事情他都想掺和一番，最终会如何呢？自己不但没有成功，反而误了原来的梦想。

我们总是强调梦想不要受外界的影响，可是有多少人能做到这一点呢？本来自己很专心做的一件事情被别人的闲言影响就改变了当初的想法，其实，我们应该尊重自己的内心。很多事情都是因为自己的心才会发生改变的，我们不要被外界的杂念迷惑，我们应该尊重自己内心的想法。做事的时候要实事求是，亲自去生活中实践，自己感悟出来的东西才是最真实的。

很多人不容易满足，贪念很重，所以他们总是抱怨自己的烦恼很多，这一切的烦恼皆由心而生，无论是杂念还是善念。如果我们的心接受过多的东西，就会受到冲击，从而产生烦恼。假如我们能够放下一切，把心净化，内心之外的东西都看作空，那么也许你的内心也就没有烦恼可言了。只要自己的心纯净，人生也一样会幸福快乐。

一念放下，万般自在

希迁禅师是唐代著名禅僧。他曾在南岳衡山南寺东面一块大石头上结庵而居，因此时人又称其为"石头和尚"。

有一次，石头问一位新来的僧人："你从哪里来？"

僧人答道："从江西来"。

石头又问："见到马大师(马祖道一)没有？"

僧人回答："见到了。"

石头指着地上的一根木柴问："马大师就像这个吧？"

僧人回答不上来。

后来，那个僧人回见马祖，把这件事讲给他听。马祖问："你看见的木柴是大还是小？"

僧人说："挺大的一根！"

马祖叹息一声，说："你力气真大！"

僧人不解。

马祖说："你把那么大的一根木柴，不远千里，从南岳石头那里一路背来，难道力气还不大吗？"

禅宗分两派，一派是渐悟，一派是顿悟。六祖惠能以后顿悟占了统治地位，马祖道一是惠能之后的一代宗师，使顿悟派发扬光大，这个故事就是一个很好的例子，石头和尚用木柴来比喻开悟以前的困扰人的那些知识，学僧从马祖那里来，没有

开悟,那么马祖就成了他的负担,石头和尚点化他,他仍然不能开悟,只得又回去了,马祖的一番解释终于让他明白了,原来自己身上一直背着东西,一直没有放下,这样怎能参禅呢?

众所周知,有人的地方就有江湖,但是很少有人知道,"江湖"一词正是出自这个案例发生的年代:当时的青年学僧不是到江西马祖大师处参学,就是到湖南的石头禅师处求证。从江西到湖南,就叫"走江湖",当然从湖南到江西也叫"走江湖",而不能生搬硬套为"走湖江"。"走江湖"虽不像武侠小说中描述得那么凶险,但在过去交通条件极不发达的情况下,劳累自不必多说,而那个学僧还在劳累之余对"马祖像不像一根木柴"念念不忘,岂不是更累?如果不能明白洒脱地活着永远都是学禅的根本要义之一,力气再大又有什么用?人生一世,许多烦恼困惑,多是作茧自缚,放不下就痛苦,放下了就轻松。

很多时候,我们走得很累就是因为背上背的包袱太重,而这些包袱大都是心理包袱,一个人如果在人生路上背太多的包袱就会被击垮,从而迷失在人生之路上。我们经常要清理自己背上的或是心理上的包袱,只有把它们释放掉,自己的心才会得到解放,才能轻轻松松地上路。

每一个人在生活中总会遇到各种各样的痛苦,痛苦过多的话就有可能产生情绪上的畸形。有时候,一个人因为某人的一句话就会记恨别人一辈子,也有人为了别人的一个轻视的眼神而郁郁寡欢,这些人其实都不明白生活的真谛。生活其实就是和别人打交道,如果你不能很好地处理好人与人之间的这种关系,你就可能遭到社会的淘汰。别人怎么说,别人怎么看都是他们的行为,我们只要做自己就已经足够了,何必拿自己的精力去浪费到这上面呢。如果你注重这些东西,就有可能被束缚,心理上承受着无限的折磨,自己活得就很累。

放下杂念去生活,是智者快乐的一种方式。大多数成功人士都能够放下贪念,永远以一颗平常心从容地面对生活。只有心放宽了,那么你的人生路也就宽了,这样走起来就会轻松很多。有时候一个杂念可以毁掉一个人的一生,就好比自尊心很强的人,有一天别人说了一句讽刺他的话,他就有可能伤心欲绝。这样的人其实是很危险的,放不下这种念想,会让他痛苦一生。

所以,无论我们遭遇什么样的杂念,都要试着去释放它。只有把它释放了,自己的内心才能轻松,才会有一个快乐的人生,那么你的世界也会变得很精彩!

不要在意别人的嘲笑

临济宗杨岐派宗师方会一生收徒无数，白云守端就是其一。

有一次，方会突然问守端："你以前都拜过谁为师？"

守端回答："茶陵郁和尚。"

方会又问："我听说茶陵郁和尚悟道源自一次过桥时的不慎摔倒，还听说他当时写了一首诗偈，你记得那首诗偈吗？"

"我记得。"守端回答，"这首诗偈是：我有明珠一颗，久被尘牢关锁；今朝尘尽光生，照破山河万朵。"

方会听完后沉默了片刻，然后笑着走了出去。

老师因何发笑？守端百思不得其解。而且就因为老师这突然一笑，守端居然整夜失眠，满脑子都是答案，都是设想。但直到东方渐白，他也没想明白。天色刚亮，他就找到老师，问他为什么听到茶陵郁和尚的诗偈会发笑。

方会没有直接回答，而是反问他："你昨天经过街市时，有没有看到那个小丑？"

"看到了。"守端不解，"这跟老师发笑有什么关系吗？"

方会说："在某一方面，你还不如那个小丑。"

"老师指的是什么？"守端更糊涂了。

方会说："小丑喜欢别人笑，而你却害怕别人笑。"

守端听罢,顿时大悟。

原来自己彻夜难眠,只是因为别人毫不相干的嘲笑,想来真是可笑,真是无聊。然而生活中的我们,何尝不是如此?相信每个人的生活中,都曾有过类似的烦恼。之前,我们已经走过;今后,我们要及时改变了。否则我们的小身板怎么禁得住那么多芜杂与鼓噪,怎么禁得住岁月催人老?

很多人忍受不了别人的嘲笑,这样他们会认为有伤自己的尊严。有时候会为了别人的嘲笑而大动干戈。其实,我们没必要这样折磨自己,别人的嘲笑跟我们又有何干?他们的欢喜和烦恼都是他们的事情,我们的人生和他们是不相干的,只要我们活出自己的精彩,别人怎么看就由他们吧!

很多时候我们总是拿别人的嘲笑来惩罚自己,你或许做了一件他们认为很难为情的事情,但是你却认为很有意义,难道他们的嘲笑会让你损失很多东西?我想不会的,我们只是放不下自己的面子。生活中总有很多人为了这样的事情而烦恼,别人的一个眼神,别人一句嘲笑的话都可能使某些人愤怒。其实,面对这些嘲笑我们应该笑着去面对,一个会自嘲的人才是会生活的人,才能彰显出大智慧。

如果我们常常为这样的小事而神伤,多么不值得。别人在那儿开怀大笑,而你却闷闷不乐,这样对得起自己吗?我们应该以一颗大度的心去包容这些嘲笑,你越能包容就越证明你的聪明,从而更能让那些嘲笑你的人无地自容。生活的苦和乐都由自己去发现,有些人能够从容地对待嘲笑,那么他就会活

得很快乐,而有些人却放不下就只能与烦恼为伍。

　　虽然很多嘲笑真的很让一人受不了，但是我们应该明白，别人越是嘲笑你,越代表他想让你出丑,如果你大发雷霆,就上了他们的当。我们要把那种嘲笑转换为动力,开开心心地生活。一个人如果能经得起嘲笑,那便证明他能够坦然去面对生活,而且,这样的人越接近成功!

平视自我，以平常心态与人接触

在一次法会上，唐肃宗向南阳慧忠国师请示了很多问题，但南阳慧忠却不看他一眼，肃宗很生气地说："我是大唐天子，你居然不看我一眼？"

南阳慧忠反问："君王可曾看到过虚空？"

唐肃宗答："看到过！"

南阳慧忠又问："那么请问虚空可曾对你眨过眼？"

唐肃宗无言以对。

所谓"人人为我，我为人人"，在生活中，我们最在意的，最关心的大多都是与人情有关的东西，谁对我好，谁对我坏，每天患得患失，不是计较金钱，就是计较感情，好不容易跳出了这两者，又陷入了恭敬关，终日要人赞美，要人行礼，要人看我一眼，否则就失落于胸，郁郁寡欢。其实这又何必呢？譬如南阳慧忠所说的虚空，虚空既然不在意你是否对它眨眼，你又何必在意它是否对你眨眼呢？你若在意，就是强求，就是执着，就是把自己的意志强行加诸他人身上，其根源则是妄自尊大和缺失平常心。皇帝也好，平民也罢，领导也好，下属也罢，都是我们这个功利社会人为创造的身份头衔，如果不能在平视自我的基础上平视众生，如果不能以平常的心态与人接触，人生就是误入歧途。

每一个人在这个社会上都是平等的，无论他是什么身份什么地位，只要立足于社会的人都站在同一条地平线上的，我们不能因为自己有很多的财富或是很高的地位就对别人指手画脚，视而不见。其实那些所谓的达官贵人都是人们对他们的称号，撇开那些虚名，不都是一副皮囊吗？

很多人总是喜欢用一副高高在上的姿态去训斥他人，然而他们却不知别人对他低声下气并非出自真心。所以即使你有很多的财富或是很高的地位也应该以平和的心态对待别人，这最起码是对人的一种尊重。在这个嘈杂的社会里，很多的功利心和恭维心充斥着这个世界，一些人为了一些名望和权贵不惜放下自己的尊严，违背自己的良心，达成自己的目的。而一旦他们获得了某些权利和财富就会把自己放到一个很高的位置上，看别人都是用俯视的眼光。这样的人即使获得了某些想要的权贵，也不值得人们去尊重，因为他们的心是不值得尊重的。

在这个世界上，富人是人，农民也是人，如果你站在富人的角度上不能平等地看待贫民，那么你的富人地位也不会长久。历史上很多这样的案例，一个朝代的变更大都是由于农民起义，以民为本的思想其实就体现了这个道理。你是皇上也好，是王公大臣也好，如果不能平等地看待下层人民，荒淫无度，便很难有好结果。这也告诉我们，每个人都应怀着一颗平常心，只有这样，别人才会对你有好感，才会听取你的建议和观点。

其实，平等地对待每个人也是对自己的一种尊重！

闲心勿操，做自己应该做的事

日本的真观禅师曾在中国参学二十多年，回国后各地学者蜂拥前往求道，大家提了很多问题请他解答，主要有以下三大类：

一、什么是自己的本来面目？

二、达摩祖师西来的大意是什么？

三、人们问赵州禅师狗有没有佛性，赵州禅师时而说有时而说没有，究竟是有还是没有？

遇到这类学者，真观总是闭目不答。有一天，研究天台教义已三十余年的天台学者道文法师慕名而来，他非常诚恳地问道："我自幼研习天台法华思想，有一个问题始终不能了解。"

真观禅师非常爽朗地说："天台法华的思想博大精深，而你只有一个问题不解，不知是什么问题？"

道文法师说："法华经说：'情与无情，同圆种智'，大意是说树木花草皆能成佛，请问：树木花草真的能成佛吗？"

真观禅师不答反问："三十年来，你挂念花草树木能否成佛，对你有何益处？你应该关心的是自己如何成佛！"

道文法师讶异地说："是啊！我自己怎么没有这样想过呢？那么请问我自己如何成佛？"

真观禅师说："是你自己说的只有一个问题问我，所以这第二个问题你自己去解决吧。"

南唐中宗李璟与大臣冯延巳的经典对话与这个公案有异曲同工之妙。一天，冯延巳写了一首词，中宗看到里面"风乍起，吹绉一池春水"一句后，说"吹绉一池春水，干卿何事？"冯延巳赶紧说："不及陛下'小楼吹彻玉笙寒'……"后世说起这个典故，多是说中宗嫉妒冯臣子的佳句，实际上他的话还另有深意："你一个大臣，整天关心风吹干什么？你得关心国家大事才对！"

　　无独有偶，笔者本人就曾见到过类似的场景。之前日本大地震爆发，核泄漏危云密布，国人则疯狂抢盐，于是一位很有才华的网友即兴创作一副对联："上联：日本是大核民族。下联：中国乃盐慌子孙。横批：有碘意思。"这些东西自己看看也就罢了，但我们那位不太懂事的项目经理一高兴就把它发到了公司的群里，恰好老总也在，当即在群里教训他："要将精力集中在做业务上。否则，盐都吃不上！"

　　这个世界上有很多无聊的人，说他们无聊是他们大都喜欢打听别人的事情，谁和谁闹矛盾了，谁又发达了又有谁落魄了，其实，这些事情都是一些事不关己的事情，他们把精力放在这上面还不如多用点心去发展自己的事业。

　　我们只有做好自己的事情才可以受到别人的尊重，如果总是关心一些闲杂事，生命中的很多时光都会浪费掉。有的人喜欢凑热闹，有哪些地方热闹他都会一清二楚；有的人喜欢打听事，别人的事情他都一清二楚；还有的人喜欢恭维别人，以为这样就会从那里得到好处，这诸多的不相干真的与我们没关系，我们在这个世界上走一遭，何必让别人影响自己的行为呢？

　　生活本来就是自己的事情，每个人都希望活出自己的风采。而且，活出自己才是对生命的一种尊重。但是，能活出自己的有几个人呢？大多数的人每天把心思放在外界和自己没关系的事物上，而自己的梦想和志向都抛于脑后。这样的人很可能一辈子都不可能取得什么成就。那些成功的人，他们把心思全都放在自己的事业上，拼搏、努力，外界的事物和自己一点关系都没有，正因为这样的专心才成就了他们的辉煌。

　　我们在这个世界上的目的就是要证明自己的价值，如果把太多的心思放到和自己没关系的事物上，那么你放到正事上的精力就会减少。就好像一个钓鱼的人，如果把心思放到捕捉岸旁的蝴蝶上，那么他很难钓到鱼，更别说钓到大鱼了。

安好你的心

　　五代时期，南天竺僧人菩提达摩航海到中国，初见梁武帝，面谈不契，遂一苇渡江，北上嵩山少林寺，面壁而坐，静悟佛理，消息传开，人们都叫他"壁观婆罗门"。

　　当时一位名叫神光的僧人慕名而来，早晚求见。一天夜里下起了鹅毛大雪，他仍然在达摩修行的洞外站了一夜。

　　达摩问他："你一直站在雪中，究竟有什么心愿？"

　　神光说："希望师父打开甘露之门，拯救众生，教我佛法。"

　　达摩说："求道可不是什么轻而易举的事情，佛教的祖师们为了求取最高的真理，花费了无限的时间，付出了巨大的代价，你凭什么求到大道呢？我想你很难如愿。"

　　神光听了这番话后，当即抽出戒刀将自己的一条手臂砍了下来。达摩见他有此毅力，很是感动，当即答应收他为徒，并赐名"慧可"。

　　有一天，慧可对达摩祖师说："弟子的心总是六神无主，不知所措，请师父为我安心！"

　　达摩道："好吧，你把心拿出来，我为你安心！"

　　慧可沉思许久回答："弟子无心可以拿得出来！"

　　达摩笑道："我已经给你安好了心。"

在这则故事中,达摩表面看来是在打马虎眼,偷换概念,因为慧可本来要让他安的是心神,而他却让慧可把心拿出来。一个人的心怎么可以拿出来呢,当然一个人的心思也不可能拿得出来。但达摩的本意却是,心是虚妄不真的,由心而起的心念与执着自然也是虚妄不真的,那么何必为虚妄的东西一直挂怀呢?我们的生活也是如此,有些人之所以心烦意乱,问题并不是出在心身上,而是出在问题上,但是真正值得挂怀的问题又有多少呢?再者,退一步说,即便问题值得挂怀,心烦意乱能解决吗?只有静下心来,把问题想清楚,心才能真正地安静下来。

安好自己的心,就是驱除内心的虚妄和杂念,这样才能让自己的心静下来。很多人总是抱怨为什么自己的烦恼不会减少呢,其实就是因为他们不能放下内心的杂念,这些杂念本来就是空虚的,所以我们没有必要为它们烦恼。

生活中的人,很多人喜欢幻想,有时候一件很简单的事情都会把它想得很复杂,面对困难和烦恼他们总显得沉不住气,脾气暴躁,心烦意乱。很多时候这些烦恼都是因为自己不能释怀,假如能够释怀,那么烦恼也就不会去找你了。但当我们遭遇困难的时候一定要去勇敢地面对,只有敢于面对,才可以减少困难与烦恼。

要想拥有快乐的人生,就一定要安好自己的内心。只有内心安静了,整个人才可以从容地面对生活。有时候心烦意乱真的不能解决问题,越是烦躁心就会越乱,对待事情也就失去理性。当苦难来临时,我们一定要把事情分析透彻,找出解决的办法,只有这样我们才可以战胜困难,我们的心才可

以找到安乐。

　　抛开杂念,放下虚妄,自己的心才会安静。在五光十色的生活里,我们常会受到各种诱惑,如果我们不能控制自己的心,那么很可能会让自己误入歧途。只有自己的心纯净了,才不至于让烦恼桎梏着我们,我们才可以活出一个精彩的人生。每个人在人生之路上,都会遇到一些不开心的事情,这时候就要调整好自己的心态,沉静下来,这样才可以安安心心地生活。

第二章 人生如何不纠结

别让小事占据你的内心

　　仰山和尚是沩山禅师的学生。有一段时间，师徒俩很久没有见面，彼此十分挂念。

　　等到见面时，沩山便问仰山："这些天你都做了些什么？"

　　仰山说："我开了一片荒地，种了一些庄稼和蔬菜，每天挑水浇地，锄草除虫，收成还不错。"

　　沩山赞许地说："你过得挺充实呀！"

　　仰山便问："老师，您这些天都在做什么呢？"

　　沩山笑着说："我啊，过了白天过晚上。"

　　仰山随口说道："您也过得很充实啊！"刚说完，他就觉得自己这样说有欠妥当，多少有点讽刺的意味，心想我这样说，老师一定以为我在取笑他，确实太不应该了！他这样想着，脸上就红了起来。

　　知徒莫若师，仰山的窘态，沩山一看便知。就在仰山还在盘算着怎么把话圆回来的时候，沩山责备他说："只不过是一句话，为什么要看得那么严重呢？"

　　仰山仔细一想，明白了老师的用意：偶然的小疏忽，或无意的小过失，只要不是成心而为，只要没造成什么严重的后果，那就随它去吧，没必要老是把它放在心里。

　　想到这儿，仰山便说："我们开始上课吧！"

　　沩山赞许地点点头。

世上有谁不是过了白天过晚上呢？世上的事情，本身都很平常，有些事处理得不太完善也属正常，没有必要让那些无伤大雅的小事占据你的内心。风吹云过，烟消雾散，天地还是如此澄明，一切还是那么自然，但是不懂得抛却凡事俗物的人，不懂得人生难得糊涂的人，永远也体会不到其中的意境。

每个人都会犯错误，无论是在什么时候或者什么地方，只要有思想就会有不得当的行为。人生在世，无论是为人处世还是艰苦创业，我们都会犯一些看似很简单的错误，但是这些错误正是我们成就事业的奠基石，没有它们，也许也就没有成功，所以不必要为了这些错误而耿耿于怀！

失败是成功之母，这是一句我们再熟悉不过的谚语，它告诉我们没有失败就没有成功，成功是建立在失败之上的。人生在世短短几十年，遭遇的失败或是错误数不胜数，这个世界没有不犯错误的人，对于一些小错误小失误，我们要平常地看待它，不必为了它而自责。正是由于这些错误你才可以明白什么是正确的做法，什么是成功的过程。如果一个人不懂得欣赏失误，那么他也没有明白人生的意义。正确和失误是相辅相成的，缺一不可，如果只学会欣赏成功而不懂得欣赏失败，那么你也不可能成功！

有时候有些人考试的时候由于自己的粗心而答错了一道题，他们会自责；有时候他们买东西的时候不小心丢了钱财，他们会自责；有时候他们开车的时候不小心撞在了书上他们会懊恼；有时候他们不小心把咖啡倒在了领导身上而耿耿于怀，这样的人生活中有很多，这些失误看似很简单，但是每个人也许都会犯。难道我们每失误一次就懊恼一次吗？其

实，没必要，在正常的范围内犯正常的错误是可以接受的，因为这些失误可以锻炼一个人的心智，这样才可以有一个更精确的人生。

面对大千世界，我们要知足常乐，一些小错误小过失，只要是在我们的接受范围内都可以放下不计，只有这样我们才能得到快乐。

拥有平常心才快乐

有一天,彻通和尚为弟子们讲解"平常心是道"的古话时,弟子莹山听着听着忽然叫了起来,说:"我明白了。"

彻通问:"说说你怎么明白了?"

莹山答:"有如黑珠划过黑夜。"

彻通追问:"还不充分,再说。"

莹山又答:"逢茶便饮,遇饭便吃。"

彻通不禁赞叹道:"答得好!今后你一定会光大我佛的。"

后来,莹山果然成了名僧,日后还被僧众尊为日本佛教曹洞宗的太祖。

其实莹山禅师口中的"逢茶便饮,遇饭便吃",多半是中国禅宗公案的山寨版,比如我们在前面讲过的,遇佛杀佛,逢祖杀祖的临济大师。当然这里面还是有些微妙的区别的,临济讲的是勇猛精进的求禅路,听起来当然比莹山够狠;而莹山讲的是云水随缘的悟禅心,焦点是凡事不能计较。但二者又是殊途同归的,那就是不要迷信什么,计较什么。一迷信一计较,一有了分别心,就给自己套上了枷锁。

这个世界有很多烦恼的人,他们总是抱怨生活的不公平,抱怨自己的出身,抱怨自己的机遇,总之凡事都会抱怨,所以

烦恼丛生。这样的人他们总是保持一颗虚妄的心,什么事情都会根据标准去做,比如做生意的时候他们看到别人赚了很多钱,就想着自己也一定要赚那么多钱,于是就采取一些投机取巧的方式,最后被人唾骂,损伤了自己的名誉。人活一辈子,最重要的就是能活出真正的自己,这样才不枉此生。

生活给了我们许多选择,只要我们努力地做,踏踏实实,以一颗平常心去追求自己的理想,就一定能够有所收获。大凡成功的人都能够保持平常心。该做的事情就去做,该付出努力的时候就去付出努力,不去权衡利益,这样的心态才有可能成就一番事业。假如总是拿着传统的标准去加以分别哪些是好的,哪些是不好的,就往往会南辕北辙,达不到自己的目的。、

一些随缘的心态才会让我们快乐,人只要一快乐,做什么事情都会顺风顺水。过分地去追求所谓的名利权贵,往往会适得其反,反而是那些没有这些欲望的人往往能够得到,这就是他们心态的不同。就像我们平时抽奖的时候,你越是想着中奖越是中不了,有时候不经意间无心地抽了一次反而中了,这就是缘分。缘分该来的时候就会来,我们没有必要为了它们争得你死我活,最后还得不到结果!

平常心是一个人快乐的标准,凡事不去计较,不去区分,按照自己的意愿把自己该做的事情做好,生活也就简单了,你的人生也就快乐了。那些所谓的烦恼、压抑、忧郁随会消失得无影无踪。活出一个真实的自己,才是对生命的敬意。

千万不要预支明天的烦恼

很久以前,某寺有个小和尚,负责每天早上清扫寺中的落叶。

这可是个苦差事,尤其是秋冬之际,寺中每天都是落叶满地,小和尚每天早晨都要用去很多时间扫地,这让他烦恼不已。

一个老和尚知道后,就告诉他:"明天打扫之前,你先用力摇树,把落叶通通摇下来,这样后天就不用扫了。"

小和尚觉得这个办法不错,第二天专门起了个大早,使劲地摇树,以为真能把两天的落叶一次扫净。

但第三天早晨,兴冲冲的小和尚再次傻了眼——院子里依然满地落叶。

这时,老和尚走了过来,笑着对他说:"傻孩子,你现在明白了吧,无论你今天怎么用力,明天的落叶还是会飘下来。"

世上很多事情,就如同明天的落叶一样,既无法提前发生,也无法预料,更不是人力可以改变的。但是世人总是像故事中的小和尚一样,习惯于为一些未确定的事情而烦恼、而努力、而徒劳。先哲有云:"人生不满百,常怀千岁忧。自身病始可,又为子孙愁。"不仅要应付自己的烦恼,还要为子孙后代的

生活操劳。其实，儿孙自有儿孙福，千万不要预支明天的烦恼，唯有认真地活在当下，才是最真实的人生态度，才能尽可能地谋求更好的未来。

本来这个世界上就没有烦恼可言，大多时候都是因为我们自身的因素而引起的。很多事情根本没必要担心，担心之后就是把明天的烦恼拿到今天来伤自己。我们总是有很多无谓的担心，生活得好好的有时候偏偏想着自己明天会不会生病，明天会不会遭遇困境。穷人担心明天没饭吃，富人担心财富突然消失，这些烦恼其实都是自找的。

未来谁都无法预见，是好是坏只有走到那一步才可以知道，所以，我们要有一颗乐观的心，不要去在乎明天的得失，唯有珍惜眼前的生活才是最重要的。明天的烦恼我们何必拿到今天来消耗，说不定这烦恼在明天就会变成快乐，只要随着它的意愿，烦恼也许就不会去找你了。一个豁达的人，他们总是能够让自己活得很快乐，无论输赢，无论成败，无论明天如何，他们一如既往地保持那颗乐观的心，好好地活在今天。

人生无常，谁也不会知道下一秒会发生什么，即使你担心也是没用的，该发生的就会发生，不该发生的担忧也是多余的。很多人就因为自己的心不够豁达，凡事都会加以区别，这样就会让自己陷入烦恼之中。烦恼是自己给自己制造的，往往那些心胸不够豁达的人会被烦恼所困扰，他们担心自己的孩子以后能不能有出息，担心自己能活到多少岁，担心自己会不会突遇疾病，这些烦恼不都是自己给自己制造的吗？我们没必要为这些不必要的烦恼所担心，用一颗平常

心去对待它们,不要过多地去担忧明天,一旦担忧,烦恼也就来了!

我们唯有好好地珍惜眼前拥有的生活,踏踏实实地过好它,明天才会美好,才不会有那些烦恼!

拥有的越多,烦恼也就越多

佛陀住世时,曾经收一位名叫跋提的王子为弟子。一天,跋提与佛和众弟子在山林中共同打坐,坐着坐着,他兴奋地喊了起来:"这种感觉真是快乐啊!"

佛陀听了就问:"什么事让你这么快乐呢?"

跋提说:"以前我每天身处王宫,日夜操劳国家大事,处理复杂的人际关系不说,还要时常担心自己的身家性命,虽然住的是高宅深院,吃的是山珍海味,穿得是绫罗绸缎,有数不清的卫兵日夜保卫我,出动时也是前呼后拥,但我总是感觉恐惧不安,吃不安睡不稳。现在,心情没有任何负担,每天都沐浴在欢喜中,无论做什么吃什么都感觉非常的快乐。"

人生往往如此:拥有的越多,烦恼也就越多。因为万事万物本来就随着因缘变化而变化,而世人却总是试图牢牢把握它,让它不变,让它永恒,当然变也可以,但得变得更好才满意,于是烦恼无穷无尽。看来,做人还是尽量保持一颗平常心,学会顺应自然的好,否则就算身处高位,你所能感觉到的恐怕也只有"高处不胜寒"吧。

我们总是听说一些高管落马的事件,其实越是官位高的人,他们的烦恼也就越多。因为他们拥有的东西太多,总是害怕失去,有时候做了一些见不得人的事情害怕别人检举,或是受贿,或是贪污,总之他们每天都会陷入一种固定的担忧之中,烦恼从来就不间断。这些人虽然身居高职,生活富裕,但是他们却没有快乐,没有快乐的人生也就没有了意义。

世间里的任何事情都有其存在的规律,如果你违反规律去打破它,那么势必会产生一些烦恼。比如不该你得的财物你得到了你就会担忧,不该你做的事情你做了你也会担心,这些烦恼都是因为我们违反了规律,所以,我们生活中要保持一颗顺其自然的心,该是你的你就要,不是你的就不要贪心,得到的东西越多你的烦恼也就会越多。

每一个东西都不是永恒不变的,即使是你的东西,有朝一日也会易主。五千年的中华文明,改朝换代早已印证了这句话。我们拥有的东西一旦换了主人,内心就会产生不安,总是想着再次得到它,久而久之就会为了它而烦恼。

每个人都在拼命地追逐着自己的理想,在追逐的过程中很多人都不懂得收敛,想要的东西很多很多,一旦得到了,烦恼也就产生了。所以,我们在生活中不要一味地去追求,有时候舍弃也是一种人生。你拥有的东西越多,烦恼也就越多,何不把自己的一些东西拿出来给大家分享,这样你的心也能够得到安慰,快乐也就自然而然地随你而来!站在越高的地方你就会越感觉到寒冷,同样拥有太多的东西你也会担心它的流逝,既然这样,我们何不保持一颗平常心,顺其自然地去生活!

保持自我本来的心性

　　唐朝时，有个名叫懒残的禅僧隐居在湖南南岳的一个山洞中。有一日，为表达自己参禅的心境，懒残作了这样一首诗偈：

世事悠悠，不如山丘。

青松蔽日，碧涧长流。

山云当幕，夜月为钩。

不朝天子，岂羡王侯。

生死无虑，更复何忧。

水月无形，我常只宁。

万法皆尔，本自无生。

兀然无事坐，春来草自青。

　　后来，这首诗偈流传开去，一直传到了皇宫中。当时的天子唐德宗觉得这位和尚很传奇，就想见见他，看看他到底是怎样的一个人物？于是派使者去山中迎请。

　　几日后，使者寻到懒残住的山洞，正好瞧见懒残在洞里烧火煮饭，他便在洞口大声呼叫："圣旨到，懒残和尚接旨！"

　　但懒残理都没理他，更不要说像寻常人那样跪下接旨了。使者探头一看，只见懒残正在灶前忙活着，铁锅里煮的是红薯，灶里添的是牛粪，懒残的手一会儿摸摸红薯，一会儿又摸摸牛粪，一点儿也不怕把红薯弄脏。

火愈烧愈旺,洞里开始狼烟弥漫,熏得懒残眼泪鼻涕直流。使者见了便提醒说:"喂!禅师,你的鼻涕都流下来了,怎么也不擦一擦呢?"

懒残头也不回地说:"我才没有功夫给俗人擦鼻涕呢!"

说罢,懒残拿起一块热气腾腾的"红薯"就往嘴里送,一边吃还一边赞叹:好吃!真好吃!

使者见了,惊得目瞪口呆,因为懒残吃的哪里是什么红薯啊,分明是一块石头!懒残见他吃惊,便顺手拣了两块递给使者说:"趁热吃吧!三界唯心,万法唯识,贫富贵贱,生熟软硬,心田识海中不要把它们分在两边就好了。"

使者根本不懂这些难懂的佛法,又见懒残实在是个异僧,因此不敢再说什么,只好赶回朝廷,据实上报。唐德宗听后,十分感叹地说:"国有如此大德,真是众生之福!"

每个人的生命都是一个传奇,我们来到这个世界很不容易,有时候何必委屈自己向别人低头呢?我们的本性本来就是上苍赐给我们的礼物,我们就应该好好珍惜它,运用它,发挥出它的作用,在人生路上好好活出自己的本性!

活出自己是我们每一个生命都应该做到的,但是却有很多人活得却不是自己。比如去一家公司面试,有很多人卑躬屈膝地去点头哈腰,一副没有自信的样子,他们以为自己的这种"谦卑"可以给他们加分,其实越是这样的人,考官们越是看不起你,你只有把自己那份最纯真的自己展示出来,是什么样就

是什么样,不必去迎合别人的眼光。他们不喜欢你并不代表你不好,只不过这份工作也许不是你最适合的。所以,无论是工作中还是生活中保持那份真才是最可贵的!

个人风格在现实社会里尤为重要,我们总会听别人说这个人能力很强且很强势,这是他的风格,或者某某人刀子嘴豆腐心也是一种风格,某某人说话算话也是一种风格,这种种不同的风格才有了这个多姿多彩的世界。假如我们都把自己那个最真实的自己隐藏起来,跟随别人的眼光走,这个社会就没有了精彩可言,一样的人生还有什么值得赞赏的。

我们一定要有自己的风格,把自己的本性活出来,我们没必要在意别人的眼光,他们怎么看是他们的事,我们怎么活是我们的事,只有保持这样的心态你才会有一个不平凡的人生。我们总是抱怨为什么别人那么成功而自己却那么懦弱呢,其实就是因为你没有把自己完全地展示出来,没有活出自我,而别人却能保持自己的风格,加以发挥就有了精彩的人生!

饿了就吃，困了就睡

有位僧人向大珠慧海禅师请教："禅师您修习禅道很用功吗？"

禅师说："当然。"

僧人又问："那您是怎样用功的呢？"

禅师说："很简单，饿了就吃饭，困了就睡觉。"

僧人脸上露出不屑的神情，说："世上有谁不是饿了吃饭、困了睡觉，难道说世人都像禅师一样，是在参禅用功吗？"

禅师说："你只知其一不知其二，两者实际上不一样。"

僧人问："怎么个不一样法？"

禅师说："他们吃饭时百般挑拣，睡觉时辗转反侧，怎么可能跟我一样。"

慧海禅师的回答，确实是很多人的真实写照。吃饭睡觉的确再平常不过，但是许多人却偏偏食不知味、辗转反侧，而且越是遭遇挫折时，越是茶饭不思、彻夜难眠。其实这也怪不得人们。人们之所以穷其一生追名逐利，是因为人生在世，无论贫富贵贱，穷达逆顺，都不是生活在真空里，要生存要发展，都离不开"名利"二字。但是物质绝对不是人生的全部，过分追名

逐利,肯定会给人带来无尽无休的苦恼。"非淡泊无以明志,非宁静无以致远",淡泊名利是一种佳境,追逐名利则是误入歧途。淡泊名利,不等同于与名利绝缘;追逐名利,可能风光一时,但终究不是人生的大道。离开了平常心的追求,一定会南辕北辙,不得要领的。

人活一辈子,都在追求自己的理想。每个人都想有朝一日飞黄腾达,出人头地,为父母为自己争光。可是在追逐的过程中,有多少人能够保持一颗淡泊的心,大多数人都会为了一些名利或是财富而动摇了自己的理想,有时候还会违背自己的良心。

名利之心每个人都有,我们不一定说非要你和名利绝缘,但是对待名利要保持一颗平常心,掌握一个度,这样才不会被名利所驱使成为它的奴隶。生活中有很多人为了一些小名小利最终误了终身。比如说为了几百块钱,就入室偷窃,被别人说成"盗贼",这样人即使得到了几百块钱他的"盗贼"名号也会一辈子跟随他。所以,人最重要的是名誉,名誉没了,人生也就完了。

有时候名利虽然能带给我们一时之欢,但是却不能让我们长久地快乐。过分地追求名利就会迷失自己的方向,让自己的理想破灭,失去了自我。大凡一些功成名就的人都保持有一颗平和的心,该来的就来,不该来的就不回来,不必担心也不必强求,一切随缘,这样的心态才有可能成功。越是想着成功的人越是不容易成功,唯有把心态放平才可!善恶到头终有报,一切都自有其发展的规律,如果我们打破规律,那么吃亏的就是自己!

　　人生路漫漫，总会有一些虚华的东西在迷惑我们的双眼，在人生路上我们要擦亮双眼，看清每一件事情背后所隐藏的祸患。不要为了一些利益而丧失自己的良心。我们要有一颗淡泊名利的心，不去强求它，它可能会自然而然地找到你。所以，我们要用平常心去追求，才有可能获得不平常的回报！

平常心就是劳逸结合

有个学僧请教禅师，说："禅师，我日日打坐，时时念经，早起早睡，心无杂念，自忖是全寺最用功的人，为什么我就是不能开悟呢？"

禅师想了想，命侍者拿来一个葫芦、一把粗盐，交给学僧说："你且去把这个葫芦装满水，然后再把这些盐倒进去，如果你能使粗盐全部溶化，我就教你开悟的法门！"

学僧高高兴兴地遵示照办，没过多久，他跑回来抱怨道："禅师，这事儿太难了。葫芦口太小，我把盐块装进去，它不化；伸进筷子，又搅不动，看来我是注定不能开悟了。"

"怎么会！"禅师说完，拿起葫芦倒掉一些水，只摇了几下，里面的盐块儿就溶化了。

看到学僧似懂非懂，禅师只好给他挑明："一天到晚地用功，不留一些平常心，就如比这装满水的葫芦，摇不动，搅不得，如何化盐，又如何开悟？"

学僧不服气："难道不用功就可以开悟吗？"

禅师说："不用功当然不行，但太用功也不行，留些平常心才是悟道之本。"

学僧终于领悟了。

不用功当然不行,因为世上根本就没有不劳而获的道理;太用功也不行,因为我们要的不是没目标的小勤劳。平常心就是思考力,平常心就是总结,平常心就是劳逸结合……余一些时间,给自己思考,不急不缓,不紧不松,那就是入道之门了。

生活里有很多很努力的人,但是却没有能成功,他们总是抱怨为什么自己付出了比别人多一半的努力,反而没有他们一般的成就呢?努力固然重要,但是只努力不思考的人即使付出再多的努力也是没用的,如果不懂得劳逸结合,那么就不会产生效益。

这个世界上没有只靠蛮力而成功的人,只有会用手会用脑的人才可以做出一番业绩,就像你去搬东西只靠蛮力是不行的,如果我们思考一下想出一个更好更有效率的办法才可以达成自己的目的。有很多人读了一辈子书,孜孜不倦,废寝忘食,但终究没有成就。这些人的做法大都是不明智的,读书固然可以增长知识和阅历,但是读了书不去消化,不去运用到实践中,就不可能发挥出它的作用。我们要想取得一番成就,就要学会思考,什么样的事情运用什么样的方式,唯有这样我们才可以生活得很轻松。

世界上有会想的人,也有会做的人,缺少的就是既会想又会做的人。所以,我们在生活里,不要只想着去靠努力换取成功,成功是需要智慧的。就像人们发明交通工具一样,走每个人都会,要你走几里路没问题,但是要你走几百里路你肯定没力气。所以人们发明了车,后来有了飞机,那么走这个力气活也就不费力了。有智慧地去生活,永远比闷着头生活的人强上万倍!

所以,在我们追求自己梦想的时候,走累了就要学会休息,利用休息的时间去看看走过的路,有哪些是成功的,有哪些是走错的,加以反思,未来的路才会走得更顺畅!学会驻足思考,是我们每一个人都应该学习的一种生活方式,不要只知道努力而不知道思考!

幸福与安乐的源泉

朝鲜的松云禅师出家学禅后，因挂念老母无人照顾，就自己建了一座禅舍，带着母亲修行。除了每天除了参禅打坐以外，松云还帮人抄写佛经，赚些生活费用。有时，因为上街为老母买些鱼肉，人们不免指点他说："看啊，这个酒肉和尚！"

松云根本不去解释，因为他不介意别人的闲言闲语，但老母却受不了别人说三道四，因此索性跟着松云出了家，每天食素。

有一次，一个漂亮的姑娘偶遇松云，请他至家中说法，松云没有推辞，因为说法是好事，但几天后就有人传言，说松云是图谋姑娘的美色，还说他曾去妓院嫖妓。

不明所以的乡人们听了，愤怒之余便捣毁了松云的禅舍，赶他离开。松云迫不得已，只好把老母寄养在亲戚家，自己则出外云游参访。

一年有余，老母思儿成疾，未几病重过世，乡人不知松云何时才归，只得草草收殓，等松云回来再行安葬。不久松云回来，在老母的棺材前站了许久，然后用手杖敲打着棺木说："妈，孩儿回来了！"

说完，他又学着老母的口气，说："噢，松云，看你游学有成，母亲我很高兴！"

"是的！母亲！"松云接着又换成自己的口气，说，"孩

儿以此禅道，报您上生佛国，不要再来人间受苦受气，我也和您一样高兴！"

然后，松云对众乡人说："丧礼已毕，可以安葬了！"

松云母亲的葬礼即使算不上旷古绝今，也不是一般的怪异。但是我们把眼界放开，这又没什么新鲜的，汉族讲究入土为安，佛家则讲究火葬……而松云不过是在母亲的棺前自编自演了一出母子重逢的小段子。

人生在世，每个人都会遭遇这样或是那样的误解，有时候这些误解困扰着我们，让我们无法正常地生活。无论是小冤屈或者大冤屈，我们往往都会看得很重，一旦遭遇别人那种不理解我们的眼神，心里就像刺了一把刀。其实，我们不应该这样在乎那些冤屈或是不理解，正是因为你的在乎才滋扰烦恼的产生。假如我们有一颗宽容的心凡事都可以想开，那么你就可以得到快乐。

生活中，无论在什么地方做什么事都有可能遭到别人的误解，比如你帮公司谈了一笔业务，有的同事就会背地里说你吃了多少多少回扣；有时候你的职位上升了一级，背后就会有人说你靠什么关系而升职的；你做官的时候有人会说你贪污受贿；你工作的时候有人会说你以权谋私；你和别人交往的时候也有可能被别人说成因为某种目的等等，这些误解和诬陷其实会伤到一个人的人。但是，假如我们能怀着一颗包容的心，把它们都当作考验我们的动力，那么你就不会被他们所困扰，你也就找到了快乐的源泉。

　　幸福、安乐的源泉其实是自己去发现的，只有自己的心能够放下那些不理解和冤屈，它们才会以一种正面的动力激进你前行。如果我们太在意这些东西，那么你就会时刻遭到它们的攻击，别人的一个眼神，别人的一句话语，别人的一个动作都有可能引起你的烦恼，这样的话，我们不是天天都要与烦恼做伴吗？这样的生活你能忍受得了吗？所以，不理解和冤屈是经常存在的，我们就要把它当作自己前行的动力，别人越是不理解越是受到冤屈，自己就越要努力咬紧牙关去努力。这样幸福安乐才会去找你！

真情流露本身就是一种顿悟

白马昙照禅师是南岳怀让禅师的高徒,《景德传灯录》记载了一个有关他的公案:

昙照禅师天生积极乐观,平时他总是对门人信徒们说:"我真快活啊,我真快活啊."但是他临终前却不像别的得道高僧那样安然,而是高声叫喊:"好痛苦啊,好痛苦啊……"

一个弟子见了便问:"老师,当初节度使把您扔到水中,您神色都不变。平日里您也总是对我们说自己很快活,怎么今天却叫起苦来了?"

即将圆寂的昙照禅师举起枕头问他:"你说我是当时对呢?还是现在对?"

弟子一时不知如何作答。正思忖间,昙照禅师把枕头一扔,圆寂了。

生老病死为人类四大痛苦,死,更是一个让所有人都很受伤的字眼,但是人们一厢情愿地认为,对那些悟了道的人来说,死并不可怕,也没有痛苦,即便真有痛苦,也应该表现得比普通人坚强些,要不还叫悟道?其实这又何苦?不要以为悟道的人就应该无苦无乐。悟了道,他还是人。只要是人,就会有人的感情和表达。高兴就笑,痛苦就喊,这是再正常不过的事情。

明明很高兴还故意表现得很平静,明明很痛苦还强颜欢笑,那不是悟道,那是压抑。平常心是道,真情流露没什么不好。但悟道的人终究是不一样的,其区别就在于悟道的人哭也好,笑也罢,过了就算,了无痕迹。而不悟道的人,要么得意忘形,乐极生悲,要么寻死觅活,要么抑郁终生。

情感是人固有的情绪,喜怒哀乐每个人都会表达,但是生活却有很多人总是压抑自己的情绪,本来高兴的事情他们非要痛苦,本来痛苦的事情非要强作高兴,时间久了,心理就会扭曲。有时候我们是为了面子而伪装自己的情绪,所以很多人都会陷入痛苦之中。我们每个人都应该对得起自己的心声,该快乐的时候就要快乐,该痛苦的时候就要痛苦,何必压抑自己呢,真情流露是对自己生命的尊重。

总有很多人以为那些成功的人不会有烦恼,其实这是他们的误解。一个人无论成败,无论贫贱,只要活着就一定会有痛苦,也会经历人间的喜怒哀乐。只不过他们在真情流露过后,就开始坚强地面对接下来的生活。真情流露并不代表自己的妥协和服输,反而更能反映一个人的真实本性,这样的人才值得我们效仿。而有些人却偏偏压制自己的痛苦,总是在别人面前装得很强势,其实他们的内心都在哭泣,这样表里不一的人我们又能怎样和他交流呢?所以,无论我们功成名就还是贫贱低下,我们不要把自己最真实的情感表达出来,这样才是你自己,不要在意别人的眼光,活出自己才是最重要的!

人的情绪总是随着环境的变化而变化,有的人适应不了环境,硬是装作一副若无其事的样子,其实这样就会把自己压垮,不适应就应该找一种方式去放松自己,只有这样内心才可

以得到解放。不然时间久了就会生出忧郁症,有的甚至想到自杀。很多现实中的例子足以说明这一点。

流露自己真实的情感也是一种生活的感悟,苦也好,笑也罢,都是自己的感情,所以尽情地释放吧,这样的人生才是真实的人生,才是有意义的人生!

中庸——既不矫枉过正,也不斤斤计较

《四十二章经》里记载着这么一段公案:

某夜,佛陀听到一个僧人读经的声音越来越悲切,心知他产生了后悔,不想继续修行下去了。于是佛陀问他:"你出家前最喜欢什么?"

僧人说:"弹琴。"

佛陀又问:"琴弦如果太松了,弹起来会怎样?"

僧人说:"要么发不出声音,要么声音不纯正。"

佛陀再问:"琴弦太紧了又怎样?"

僧人说:"弄不好就会弦断声绝。"

佛陀接着问:"如果弦不松不紧正适合怎样?"

僧人说:"那就可以奏出美妙的音乐了。"

佛陀开释他说:"出家人学道也是也此,心意知果调整适宜,道就可得。修道过程中,切忌一味地急躁冒进,否则身体就会疲倦。身体一疲倦,心意就会恼恨。恼恨如果产生,自然就会后悔,而不愿意继续修行。"

佛教既不是"今朝有酒今朝醉"的纵欲主义者,也不是故意挨饿受冻的自我虐待主义者。佛教在某种程度上近乎我们传统的中庸,既不矫枉过正,也不斤斤计较,否则,刚一分或者柔一分都会失之毫厘,差之千里。

中庸之道是我们中华民族伟大的思想,很多人利用它在生活中过得很顺心,而有一些人却不知道它的妙处,总是会把事情加以分别。这些人往往会被别人说成爱钻牛角尖,不明事理。其实,我们在生活里,不一定要把一些事情非要刨根问底,保持一颗平常心,站在中立的位置上对自己是一种保护。

生活需要智慧,不会智慧生活的人,终究会被烦恼和失败所困扰!我们做人做事一定要保持自己的原则,不要喜欢什么就拼命地去做,不喜欢的事情就丢在一边任凭别人怎么说你也不会去做,这样的性格最终会使你尝到苦果。也有一些人总爱计较一些细节,明明一件很小的事情在他那里就会变成大事,非要一追到底,最终既没得到什么,有时候还会得罪身边的人。我们应该有一种大智若愚的心态,遇到事情保持一份中庸态度,一切随缘,莫去强求,往往这样的心态才会取得一番成就,快乐自然也就跟随而来!

很多人的心经常会产生烦躁的情绪,抱怨这不好,抱怨那不好,最后在抱怨中草草了却一生。还有的人总是急于求成,过分地追求成功的名望,越是这样越容易陷入一种恶性循环之中,烦恼会越来越多。本来成功就是一件需要过程的事情,我们只要付出努力,总有水到渠成的一天,如果我们迫不及待,反而会放缓成功的脚步。还有一些人生活总是懒懒散散,没有一点儿上进之心,柔柔弱弱的性格终将会一事无成。

所以,我们不要过分地去追求名望也不要过分地去懒散,只有保持一个合适的度,该快的时候快,该慢的时候就慢,这样有一个中庸的态度,我们一定会取得一番业绩的!

有时候,小人也要当君子养

一天,苏东坡请佛印禅师一起到茶馆喝茶。

店小二见佛印是个出家人,招待时就显得特别冷淡,而对苏东坡则十分热情。

苏东坡看不顺眼,就婉言暗示店小二对佛印客气些,但这个店小二显然是个势利小人,从头到尾,他始终对佛印很冷淡。

苏东坡不高兴了:"结账!"佛印一听赶紧说:"我来。"说罢他掏出一些散碎银子,有多没少,递给店小二,店小二一看,原来是位阔和尚,赶紧道谢,态度瞬间变得非常谦恭。

刚走出茶馆,苏东坡就问佛印:"这家伙态度很差,是不是?"

佛印说:"没错,他……"

佛印还没说完,苏东坡又问:"那么你为什么还对他那么客气,客气也就罢了,居然还赏钱给他?"

佛印说:"这你就学不来了——有时候,小人也要当君子养!"

苏东坡哈哈一笑,说:"的确,我真的是学不来!"

以苏东坡的才学德操,却终生怀才不遇,原因就在于他不

屑于此道。社会上有很多小人,小人之所以叫"小人",是因为他们有许多恶劣的品性:挑拨离间、乘人之危、卑鄙无耻、搞小动作,等等。如果能把小人一网打尽当然是好事,但小人往往非常难缠,因为他们根本不会遵守公平正义的法则,他们只会暗中使坏,让你防不胜防。所以,对待小人一定要讲究一些"策略"——把他们当作君子来养就是一个不错的办法。

小人之间的行为最难对付,他们总是不按常理出牌,你怕违背道德他却不怕,你怕引起祸端他却不怕,所以很多人都惧怕和小人交往,害怕有朝一日被他们缠上。对待小人,我们不应该用强硬的态度,一旦强硬就会得罪他。得罪什么也不要得罪小人,所以,我们最好的办法就是把他们也当君子养,这样才可能摆脱他们的骚扰!

世界上有太多的小人,工作中有人向你使坏,生活里同样有人向你使坏,同事会对你使坏,朋友也有可能对你使坏,这些防不胜防的小人行为你总是会应接不暇。我们面对这些行为千万不要动火气,一旦动了火气你就上了他们的当,有时候他们会让你吃不了兜着走。因为你是按着传统的道德去和他们理论,而他们什么标准都没有,流氓行为岂是我们所运用的?所以,最好的方式还是要用"柔道",以柔克刚才会使他们嚣张的气焰消失!

当他们向我们大吼时可能就是想引起事端,你就要用缓慢的语气去和他理论,越是软弱,他的自尊心就越强,从而就会"放过你",假如你也一样暴躁,势必会引起事端,最后吃亏的就会是你。你有理却理论不过他们,想出手的话却没有他们的力量,要想摆脱小人的计谋,用对待君子的方式对待他们才

是最好的办法。

小人也有自尊心,而且这种自尊心极强,如果我们能够满足他们的自尊心,相信你一定也是一个大智慧的人。智慧的人只会去好好地对待小人,而愚钝的人却喜欢用强硬的手段,前一种人在哪里都能吃得开,而后一种人却总是碰到麻烦。小人之间的行为不可以琢磨,他们什么手段都可以使用,所以,千万不要得罪小人!

舍去浮躁虚华

唐代文学家李翱任朗州刺史时，非常向往惟严禅师的德行佛法，曾多次邀请惟严禅师下山参禅论道，但都被惟严拒绝。李翱只好亲自前往，巧遇禅师正在山边松林中读经。

对一般人来说，太守亲自来访，这是多大的面子，但禅师却毫无起迎之意，对李翱不理不睬。侍者不得不在一边提醒禅师说："太守已等候您多时了。"禅师只当没听见，经书一合，闭目养神。

偏巧李翱又是个性急之人，看禅师爱答不理，立即走上前去怒声斥道："真是见面不如闻名！"说完他欲拂袖而去。

禅师慢慢睁开眼睛，慢条斯理地问："太守为何看中自己的耳朵，而轻视自己的眼睛呢？"

这话是针对李翱"见面不如闻名"而说的，李翱听了一惊，赶紧转身拱手谢罪，并请教禅师什么是"戒定慧"。

"戒定慧"是北宗神秀禅师倡导的渐修形式，与南宗主张的顿悟法门有着本质的区别，因此禅师回答说："我这里没有这种闲着无用的家具！"

李翱似懂非懂，只好岔开话题："大师贵姓？"

禅师说："正是这个时候。"

李翱更不明白了，他只好悄悄问站在一旁的侍者神师的话是什么意思，侍者说："禅师姓韩，韩者寒也。时下正是冬天,可不是'韩'吗?"

禅师听到后斥道:"胡说八道!若是他夏天来也如此问答,难道我还得改姓'热'不成吗?"

李翱忍俊不禁,笑了几声,气氛顿时轻松多了。接着,李翱又问禅师什么是道?

禅师用手指指天上的云朵,又指指地上的瓷瓶,然后问他说:"理会了吗?"

李翱摇摇头说:"没有理会。"

见禅师根本没有点破的意思,李翱只好自己苦苦思索。突然,一道阳光从林中射下,正巧照见瓶中的净水,李翱顿时有悟,不禁随口念了一偈:

炼得身形似鹤形,

千株松下两函经。

我来问道无余说,

云在青天水在瓶。

不知这位李太守最后到底有没有悟道,反正他这首诗偈成了成了千古绝唱。今天看来,李翱的"云在青天水在瓶"一句大概有两层意思:一是说,云在天空,水在瓶中,正如眼横鼻直一样,都是事物的本来面貌,没有什么特别的地方。你只要领会事物的本质,悟见自己的本来面目,也就明白什么是道了;二是说,瓶中之水,犹如人心,只要保持清净不染,心就像水一样清澈,不论装在什么瓶中,都能随方就圆,有很强的适应能力,能刚能柔,能大能小,又像青天的白云一样,自由自在。

虚华的东西往往有一层美丽的外表，容易误导人们的思想。假如被虚华所束缚，那么你就会永远陷入一种无法自拔的欲望之中，为了那些徒有虚表的物质丧失了自己的本性。这样的人在生活中肯定没有快乐和幸福可言，围绕在他们身边的是自私、贪婪、悲欢等弱点。

我们总是很注重面子，别人拥有了一样东西我们就会拼命地去得到比他更好的，别人能开汽车你就要去学开火车，别人能当乡长你就要去当市长，别人买了一部好的手机，你就要去买一部比他更好的，这样的人在生活中比比皆是，可是他们过得快乐吗？答案是否定的，因为他们的心往往被那些虚华的外表所迷惑，而不能好好地修养自己的身性。这样的人就是死要面子活受罪，他们也不会有一个美好的人生。

我们要想一辈子能够开开心心地活下去，就一定要保持一颗平常心，不必为了那些徒有虚名的东西浪费时间和精力。别人有的财富我们不必要去羡慕，只要你努力你一定也可以得到，别人做了官你也不用去嫉妒，你也可以通过努力得到权贵，但是你要想想看这些东西是不是你想要的，不要因为别人有了你就去追求，有时候我们追求的东西并不是我们想要的。尤其是那些虚华的东西，我们要顺从自己的心声。

生活本来就是很有意义的一件事情，但是有时候我们却为了一些东西而丧失本性，快乐幸福全都被自己封锁起来。所以，我们平常生活中一定要去掉自己的分别心，不要以为虚华的都是好的，有时候却是陷阱。自由洒脱的人生才是快乐的人生，我们要时常保持一颗平常心！

第三章 净土其实在你心中

心净则世间一切皆净

 　　赵州禅师和弟子文堰谈论佛法时，一位信徒走过来，送了一块糕饼供奉他们。赵州禅师就对文堰说："饼只有一块，两个人怎么吃？我们来打赌，如果谁能把自己比喻成最脏最贱的东西，这块饼就归谁！"

 　　"您是师父，就由您老人家先开始比吧！"文堰说。

 　　赵州说："我是一头驴子。"

 　　文堰说："我是驴子的屁股。"

 　　赵州又说："我是驴屁股中的粪便。"

 　　文堰说："我是驴粪中的蛆虫。"

 　　赵州没法说出比驴粪中的蛆虫还脏的东西，于是反问："你这蛆虫在粪便里干什么呀？"

 　　文僵说："我在粪便里避暑乘凉啊！"

 ❀✿❀

 　　如果是普通人，比喻完这一大堆恶心的事物，恐怕是没胃口享用那块糕饼了。但是禅师们却不一样，我们认为最污秽的地方，他们却能逍遥自在。他们更注重心灵和行为上的污垢，只要心清质洁，任何地方在他们看来都是清净国土，正所谓："我见青山多妩媚，料青山见我应如是！"

 　　每个人都想有一个清静之地供自己修养，他们希望是一片世外桃源，没有杂乱的污垢垃圾，没有淫秽的思想，没有丑恶的人性,这样的地方每个人都是很向往的。但是,这样的地方现在还不存在,假如你也想拥有这样的一片胜地,就要去用心发现,有时候我们周围的环境虽然给了我们很多不满,但是只要你用心去看他们,抛开杂念,也许每一个地方都有一片净土!

我们有时候看山是山,看水是水,这样的人内心就不可能有净土,看到别人的丢的垃圾会恶心,看到一些人的欺骗龌龊的手段也会咬牙切齿,总之生活中的很多事情在他们眼里都显得特别肮脏。如果这样的话他们会有快乐可言吗?真正会生活的人是需要靠智慧去生活的。比如他们可以把那些丑恶的人性放到一边,活出自己的精彩,莫管他人的眼光。只有自己的心境,那么万物也就会净,如果你的心本来就不纯净,怎么可能找到一片乐土呢?

我们生活中总会遭遇这样或是那样的肮脏,有时候是环境有时候是人性,但是不管怎么说,只要我们能够保持一颗纯净的心,我想这个世界上会有很多清净的地方,他们面对这样的环境,应该会有一个幸福的生活。如果我们不能净化我们的心,总是希望周围的环境改变,那么永远不可能找到快乐和清静之地。

其实清静之地就是自己用心塑造出来的,这个世界上大多数美好的东西也都是用心去看的,假如我们只有一双普通的眼睛,就不会发现美好所在。心净则世间净,心不净,则万物不净。所以,我们在生活中一定要保持一颗纯净之心,这样才会有清静之地!

总以为自己聪明的，反而往往被套进去

有一日，苏东坡去参访佛印和尚。

二人坐在蒲团上参禅论道，谈古论今，不胜快活。忽然，苏东坡心有所感，就问佛印："你看我坐的样子像什么？"

佛印打量了一下苏东坡，说："嗯，很庄严，像一尊佛！

苏东坡听了很高兴。

佛印也问苏东坡："学士，你看我坐的姿势怎么样？"

苏东坡是从来不放过嘲弄佛印的机会的，就哈哈一笑说："我看你像一坨牛粪！"

佛印听了居然也很高兴，还称谢不已。

苏东坡更是抑制不住地哈哈大笑。回到家，犹面带笑容，哼哼叽叽。

苏小妹见状问道："哥哥，什么事这么高兴呀？"

"哼，佛印这次总算栽在我手里了！"苏东坡得意地说，"我问他我打坐时像什么，他说我宝相庄严，像一尊佛。他又问我他打坐时像什么，我说他像一坨牛粪……"

苏东坡还没说完，苏小妹就叫道："哎呀，哥哥，你这次输得更惨了！"

"为什么？"苏东坡忙问。

苏小妹说："因为内心有什么，外在才看到什么。禅师心中有佛，所以就看你如佛。而你心中不洁，所以才看禅师如同牛粪！"

苏东坡闻言好不懊丧，方知自己的禅功不但与佛印相较差得还远，即便是自己的妹妹，悟性也在自己之上。

在社交沟通时，既要随机应变，也要注意说话分寸。总以为自己聪明的，反而往往被自己套进去，正所谓"聪明反被聪明误"。

生活里总有一些人爱耍小聪明，他们以为自己的聪明可以让别人高看自己一眼，其实不然，越是爱耍聪明的人越是容易被人取笑。我们每个人在和别人交往的时候都希望自己的意见或是想法得到他们的认可，所以我们就应该保持一个谦虚的态度，不要总是拿自己的聪明去炫耀，这样只会让自己输得更惨。

在我们心里，隐藏了很多丑恶在里面。我们往往只展示自己最好的那一面，而不好的那一面总想隐藏起来，但是这些丑恶越是隐藏就越容易显露出来。比如有的羡慕别人的财富，他的内心看到的就只是钱，羡慕别人的官职，他的心里看到的就只是权，我们内心看到的是什么眼睛看到的就是什么，一旦谩骂别人或是戏谑别人的时候其实也是自己内心的一种反应。

我们应该做一个有智慧的人，不要随便卖弄自己的聪明，你以为自己聪明戏耍了别人，其实很多时候却被别人戏耍了。聪明是一种智慧的表现而不是愚昧的表现，如果我们不能达到预期的效果，就不要用自己的聪明去讽刺自己。很多人的心

总是有一种爱炫耀的本性,他们惯用的手段就是卖弄自己的聪明。其实聪明是不需要显示的。那些有智慧的人总是能在无意间显露自己的聪明,而那些普通人也总是喜欢故意地去装作聪明,前一种被称为圣人,而后一种被称为凡人。

我们要想得到别人的尊重,得到别人的敬仰,就要学会智慧地去生活。在社交中,有一种随机应变的能力,灵活地处理人与人之间的关系,但也不要把自己的聪明运用到交谈中,喜欢耍聪明的人最终会尝到苦果,有时候越是聪明的人就越容易被套进去。所以,要灵活处事!

捡净心里的妄想烦恼

　　一个秋日,鼎州禅师与小沙弥在庭院中走过时,突然刮起一阵风,树上落下好多树叶。鼎州见了就弯下腰,把树叶一片片捡了起来,放进口袋。沙弥见了就说:"禅师不要捡了,反正明天一大早,我们都会打扫的。"

　　鼎州不以为然:"话不能这样讲,打扫就一定会干净吗?我多捡一片,就会使地上多一分干净啊!"

　　沙弥又说:"禅师,落叶那么多,您前面捡,它后面又落下来,怎么捡得完呢?"

　　鼎州边捡边说:"落叶不光落在地上,也落在我们心上。我在捡我心上的落叶。"

　　沙弥站在那里,一片茫然。

　　每个人都想成就一番事业,所以都在拼命地追逐着自己的理想。可是,在追逐的过程中我们总会遇到很多麻烦和烦恼,有了烦恼自己的心就会产生不安,没有心思去做自己的事。很多人在路上因为烦恼而遗失了自己的梦想。

　　烦恼会使一个人变得心不在焉,做什么事情都没有激情。有时候因为没钱会烦恼,因为没有好的工作会烦恼,没有好的房子会烦恼,没有好的车子会烦恼,没有好的机遇会烦恼。这一系列的烦恼都会充斥我们的心,让我们不能专心地去生活。

如果我们不把这些烦恼抛开，我们不可能会有好的生活和事业。每个人的心里面都会有很多脏东西需要清理，所以我们要经常去清洗自己的内心，把烦恼一个一个地捡起抛开，只有这样我们才可以无所顾虑地去追逐自己的梦想。

光明是需要我们自己去发现的，在黑暗的夜色里，哪怕是星星之火也可以燎原。我们一定要有坚持不懈的心态，认认真真，踏踏实实地坚守自己的事业和梦想。只有坚持，不放弃，才有可能取得一番不俗的业绩。烦恼没有了，自己去努力，一定会有一个好的生活。

做一个执着的人，是对生命的一种赞叹。当然这种执着不是愚昧地坚持，而是灵活地处理身边的每一件事。每一个成功的人都有一种锲而不舍的精神，无论面对什么困难和烦恼，他们都能够坚持下去，咬着牙去达到自己的目的。

学会捡起烦恼，自己的内心就会光明。学会坚持，自己的梦想就会实现，成功在每一个人的脚下，只要勇敢地去走，你也会踏上成功者的行列。相信自己是最棒的，才是对自己最大的鼓励！

净土在心,不必按世俗眼光行事

　　有人问六祖慧能:"我经常看见有人念经,说求佛祖保佑,往生西方极乐净土,我们人类到底能不能往生西方?"

　　慧能说:"什么西方?世界上根本不存在一个所谓的西方。所谓的净土,其实是在我们心中,用不着到处去求索。那些愚痴的人由于不知道心即是净土的道理,往往以为佛在十万八千里外。其实,如果说净土只是以距离远近而论,那么西方本地人不都成佛了吗?事情不是这样的。一个人心怀善念,脚下就是净土。若怀不善之心,再怎么念佛也是白念,再怎么持戒也不能成佛。"

　　禅说,"佛向性中作,莫向身外求",即是说,做一个好人就是成佛,根本用不着外修外求。中国历史上的济公和布袋和尚,日本历史上的一休,都不酒肉,一休老年甚至连色也不戒,但大家都认为他们就是活佛,原因就在于无论他们的行为多么不符合佛门规矩,但大家都知道他们本质上是个好人。

　　不能不守规矩,也不能太守规矩,否则规矩会害死人。葛优在《非诚勿扰》中说过:"谁给他们的权利?他们说美就是美吗?"净也好,美德也罢,都是如此,只要你的出发点和目的地是善良的,大可不必按照世俗的眼光行事。

　　公道自在人心,不必去讨好每一个人的眼光,因为我们也

不可能让每一个人满意,我们要按照自己的内心去生活,只有这样我们才可以活出自己真实的人生。往往很多人会在意别人的眼光,本来是一件自己很想做的事情,就因为别人说三道四你就放弃了,这样我们会错过很多机会,有时候一个很小的机会就有可能让你损失整个人生。

我们活在这个世界上,每一个人都想做出一番成就来证明自己的价值。但是传统的思想和眼光会给很多人造成困惑,有时候一个怀疑的眼神就可能让一个人放弃坚持多年的梦想。我们一辈子就那么短短的两万多天,如果把太多的注意力放在别人的眼光里,那就太不值得了。我们应该尊重我们内心的想法,只要自己的心没有违背良心,那么无论做什么,别人怎么看都随他们了,只要我们是怀着一颗良善之心做事也就无怨无悔了!

无规矩不成方圆,但是太尊重规律就会失去灵动。一个太注重传统规则的人就会被别人说成木讷,我们应该灵活地处事,不要管别人说什么,只要是自己想做的事情就要努力去实现,只有这样才有可能突出重围达到自己的目的。假如我们的心是纯净的,任凭别人怎么说它都不可能变成肮脏的,只要我们对得起自己的良心,别人再怎么反对你也应该尊重自己的想法。

一个人最重要的问题就是活出真实的自己,不要让别人的眼光误了终生。把自己的心洗净,别人无论怎么说都不会改变你的想法。唯有这样你才能坚守自己的梦想,付出行动来实现它。一个太在意别人眼光的人,一辈子都不可能有很大的成就。

所以,我们每个人都要活出一个真实的自己!

干净与肮脏皆因分别心而起

有一次，佛陀出外弘法时，在某城看到一个扫街妇，她的脸上和手上都是泥垢，衣服也是又破又脏。看到佛陀从远处走过来，扫街妇立即自惭形秽地躲到了一个角落里。

佛陀有心渡化她，于是径直走到角落里，对她说："你为何要逃避我呢？很多人一看到我，或听到我的名字就很欢喜，情不自禁地想亲近我。为何你看到我却躲得远远的？"

扫街妇怯怯地说："佛陀啊，我也非常敬仰您啊！但我是一个低贱的人，身上又这么脏，我是怕污秽了您，才不敢接近您。"

佛陀慈悲地告诉她："你错了！在我的心目中，既没有脏的人，也没有卑贱的人。你回去沐浴更衣，再来听我说法吧！"

扫街妇非常开心，她虔诚地跪倒在佛陀面前，行礼说："佛陀啊！我真的可以跟其他人一样去听您讲经说法吗？"

佛陀说："当然，你尽管来吧！"

他们身边早围满了人，那些自以为有身份地位的人，看到佛陀如此亲近一个衣着褴褛的扫街妇，都觉得佛陀这么做有辱身份。

佛陀看出了他们的心思，就说："清净并不单指外表的清净，而是指心的清净。街道上每天都这么干净，从何而来呢？是因为有像她一样的扫街妇啊！她的身体和衣服

虽脏,但是她的心地比你们清净。你们看到了吗?她没有骄慢,她无所求,她还拥有一颗谦虚的心。"

接着,佛陀开导众人说:"你们自以为是社会上有地位的人,所以傲慢自负,对人起分别心,因此你们的心地其实一点儿也不清净。"

说到这里,只见远处走来一位容光焕发、衣着端庄的妇人。佛陀问大家:"你们看看她是谁?"

众人一看,正是那位扫街妇。

佛陀说:"你们看,现在她与你们又有什么不一样呢?"

世上没有人不喜欢洁净,即使是街上的流浪汉。世人都知道清洁工的工作很重要,但没有人会从小立志成为一名清洁工。矛盾的心理,变态的心态!

你如果执着于"干净",就必然有"肮脏",因为没有肮脏也就显不出谁更干净,所以世上根本就没有纯粹的干净。执着于净,就是洁癖了。有些人有生理洁癖,一天洗三遍澡到不了黑;有些人有道德洁癖,喜欢拿着放大镜看人。前者迟早有一天会全面崩溃,后者迟早有一天会自绝于人群——水至清则无鱼吗!

最后要歌颂一下那些不太体面、有些人避之唯恐不及的清洁工、农民工们,没有他们出力流汗,又怎么显得出衣冠楚楚的伪白领、假小资们呢?其实,与其说前者身体不干净,毋宁说后者心地不干净。愿大家都以一个清净心看待别人,共建我们的净土。

生活里总会有一些自认为身份很高贵的人，以一副很轻视的态度去对待别人，总觉得那些衣衫褴褛的人会弄脏自己的衣服，所以会离他们远远的。其实，有时候越是外表干净的人，内心就有越多的污垢，而那些衣衫破烂，外表虽有污点的人，内心也就越纯洁。

外表的脏乱和内心的纯净并不是成正比的，我们不能因为外表而去否认一个人的内心。每一个人都想过上锦衣玉食的生活，可是现实是残酷的，并不是每一个人都能够达成自己的愿望，我们这个社会有太多的穷人。穷人有穷人的生活，富人有富人的生活，我们不能因为别人穷而去否定别人的内心。人穷志不穷，即使他们没有华丽的外表和业绩，整日做一些风吹日晒、没有尊严的工作，我们也不能去歧视他们，也许正因为他们的这种工作，才换回了我们现在美好的生活。没有他们，那些富人们也不可能获得既有的富贵。

人的外表是可以打造的，但是内心却不容易改变。我们在生活中一定要保持一个谦逊的生活态度，当我们要求别人干净的时候首先要问问自己是否干净，这个世界上没有一个人的内心是纯粹干净的。虽然能去掉外表的污垢，内心的污垢怎么能除去呢？一个人的内心才是最重要的，只要能把内心洗干净，至于外表也只不过是一副皮囊而已，它永远压制不住内心的光辉。

大多数人在这个社会里从事着低档的行业，但并不代表他们内心脏污，还有一些人整天出入高档会所，西装革履，但也并不代表他们的内心干净，一个人的品质是由心而发的，我们要尊重每一个人的内心，不要被外表的干净或是脏污迷惑双眼！

不以一时一事来衡量人的品行

日本的月船禅师是个丹青高手，但他为人作画有个条件，那就是必须先付报酬，否则绝不动笔。加之他要的报酬非常高，因此得了个"小气画家"的恶名。

但月船不为所动，依旧故我。

一天，一个艺妓找上门来，问月船能不能为自己画一幅画？月船平静地问："那要看你能出能付多少酬劳。"

"你要多少就付多少！"艺妓非常爽快地说，"不过，你要到我家里当众挥毫。"

月船答应了。

第二天，月船准时来到艺妓的住处，当时，艺妓正在和几个顾主(嫖客)举行宴会。月船二话不说，笔走龙蛇，转眼间就完成了一幅画，然后向艺妓索要了当时最高的酬劳。

艺妓付了酬劳，转身对几个嫖客说："你们看，这个和尚的画虽然不错，但心地肮脏，只知道要钱。他的作品出自污秽的心灵，怎么能挂在厅堂里呢？它只能装饰我的一条裙子。"说罢，她还当场脱下一条裙子，要月船在上面再画一幅。

月船依然沉静地问："你能出多少？"

艺妓鄙夷地哼了一声，说："随便。"

月船便开了一个更高的价格，然后依照要求画了一幅,画毕取了酬金,立即离开。

这事儿传开以后,人们纷纷指责月船,说他身为一个僧人,不顾别人的羞辱作画取钱,到底是怎么想的？他要干什么呢？

后来人们才知道,月船居住的那个地区时常发生灾荒,富人不肯出钱救助穷人,因此他建了一个任何人都不知道的秘密仓库,里面贮满了稻谷,以供赈济之需。而购买稻谷的钱正出自于画画的报酬。此外,月船的师父生前曾发愿要建一座寺庙,但不幸早亡,他要完成师父未竟的心愿,于是积极筹款。

后来,月船终于攒够了建庙的钱。寺庙刚一落成,他就抛弃了画笔,退隐山林,从此再不作画。

有些人为富不仁,却偏偏道貌岸然,附庸风雅,宁愿出高价装饰自己的裙子也不肯救济贫苦的人,对这样的人,月船禅师收他们多少钱都不算多。由于他赚钱的目的都是出自善念,当然也就更谈不上贪心和小气了。

但是人们又往往以一时一事来衡量一个人的品行,这是不计人间毁誉、一心救济世人的月船的悲哀,也更是他的修为所在。我们也应该领悟到,身正不怕影子斜,任何方法只是为了完成目标而用,只要目标是善的,高尚的,只要我们的行为方式不危害别人,那么别人的口舌,就由他去吧！

我们这个社会里有很多人受到过冤屈或是诬陷,别人的闲言碎语总是会影响一个人的情绪,有的甚至把人逼上绝路。

其实很多时候我们看到的只是一件事情的表面,而没有去发觉事物本身背后所隐藏的真谛。一个人做了一件看似不道德或是违背人们审美眼光的事情,有时候是有苦衷的,他这样做的目的并不代表他的为人,所以,我们不要用这样的一件事去否定他的一生。

用一时一事去衡量一个人的品质有失标准的,就像一个人为了救自己的亲人乞讨卖艺一样,他的目的只想赚钱看病,没别的意思,但是很多人会认为他们是骗子,懦弱、没有尊严。这些误解都是对一个人内心的打击,如果我们能够伸出援助之手,拉他一把,也许你就救了一个生命,也会感动无数生命。很多人都会用自己传统的标准去衡量一些事情,其实,有时候是对一个人的误解和诬陷,不能一概而论。

假如我们遭到了别人的误解,一定要有一颗坚强的心,不要受他们的干扰而误了自己的一生。只要我们行事光明磊落,对得起自己的良心也就够了,别人说什么都是他们的事,嘴巴长在他们脸上,想说什么是他们的自由,我们只要踏踏实实地去做自己的事情,总有一天会真相大白的。每个人都在追逐着自己的梦想,有时候我们为了自己的梦想不得不舍弃一些东西或是做一些看似不道德事情,那是成功者必经的一个过程,你的心必须要承受住众人眼光的考验。

所以我们不要以一时之事去衡量一个人,也不要被别人一时一事的评判标准所困扰,我们能做的就是勇敢地去做自己想做的事情!

如何在世俗中保持一颗清净之心

有位虔诚的女居士，每日从自家花园中采摘鲜花，到寺中礼佛。天长日久，无德禅师有心渡她一渡。这天，这位女居士正在礼佛时，无德禅师走出来，欣喜地说："你每天都这么虔诚地献花，来世当得庄严相貌的福报。"

女居士欢喜地答道："我每次来礼佛时，觉得整个心就像洗涤过一样清凉。但是回到家中，心就不由自主地烦乱起来。请问禅师，像我这样的家庭主妇，怎么做才能在世俗之中保持一颗清净之心呢？"

无德禅师反问："你经常以鲜花献佛，想来对花草有些常识。我且问你，如何保持花朵的新鲜？"

女居士答："这简单，每天换水，同时在换水时把花梗剪去一截。因为浸水的那部分花梗容易腐烂，腐烂之后就不易吸水了。"

说到这里，女居士忽然脸露笑容，说："多谢禅师开示，希望以后有机会过一段寺院中的生活，享受晨钟暮鼓、菩提梵唱的宁静。"

无德禅师听了，摇摇头，进一步开示道："你的呼吸就是梵唱，你的脉搏就是钟鼓，你的身体就是庙宇，你的两耳就是菩提。大千世界，无处不是宁静，你又何必非得到寺院中呢？"

我们生活的环境就像瓶里的水，我们就是花，唯有不断净化我们的身心，变化我们的气质，并不断忏悔、检讨、改进陋习，才能更好地吸收生活的食粮。坚信自己是世界上最纯净的人，每天用清水滋养心灵，剪去腐烂的花梗，我们的纯洁花就能长盛，我们的快乐果就能永恒。

　　我们怎么看我们自己，我们就是什么样的人，好人，或是坏人也全在自己的一刹那。很多人总是因为自己得不到快乐而烦恼，他们总是去羡慕别人的生活，抱怨自己的不幸，当我们抱怨的时候是否能想想自己到底在追求着什么？

　　我们的生命是自己的，也只有自己知道自己想要什么。我们没必要去利用外界的事物去改变我们的内心，只要心是自己的，没有被其他的杂物所侵染，那么就可以很快乐地生活。我们要相信自己是世界上最棒的，是世界上独一无二的，这样你才可以很有自信地去生活。当然，在我们的生命历程中，一定会遭遇诸多的考验，会被一些杂念——诸如贪婪，自私，丑恶等陋习所迷惑，面对它们，我们一定要保持一颗坚毅的心，时刻净化自己的内心，不让一丝污泥污染我们纯洁的心。

　　我们生活里的每一件事物都蕴藏着玄机，在其中随时可以发现快乐和幸福。大多数烦恼的人，他们的心就是因为接受了太多的脏污，这些脏污占据着大片空间，以至于无法获得新鲜的东西。正因为大多数人的心是有污垢的，所以看到的这个世界也是浑浊的。只有心净，世界才会净。

　　我们每天都要清洗自己的内心，除却里面隐藏的污垢，深深地反思自己，责问自己，今天做了哪些事，有哪些是值得高

兴的,有哪些是需要改正的,有哪些是违背自己意愿的,只有保
持这样的生活态度,我想你会是一个幸福的人,快乐随处可见,
纯洁的心灵也会时常伴着你!

真正的静,是心静而非形静

佛陀住世时,有个带发修行的人看到佛陀和众弟子每日都自在洒脱,很是羡慕,便舍弃家庭,加入僧团。但是没几天,他找到佛陀,说:"佛陀,我在人群中无法安心静修,您能否让我有一个比较好点的修行环境呢?"

佛陀点头应允,说:"那你自己去找一个适合静修的地方吧!"

于是他离开僧团,远涉深山,终于找到了一个非常幽静的所在。然而由于附近连个人影都看不到,他又未免心生恐惧,因此每次打坐时,耳朵里都是有如鬼魅的声音,脑袋里都是鬼魅的幻影在晃动。他不由得打起了退堂鼓,心说:"我在人群中无法静心,在这么安静的地方又不断生起恐惧的心念,还是停止修行,回家享福吧!"

刚刚想到这里,佛陀正好来到他面前。佛陀问他:"你独自一人在这么安静的地方,怕不怕?"

他虽然怕得要命,但嘴上却很强硬,说:"不,佛陀,我不怕!"

佛陀看他言不由衷,就说:"好,我们坐下来谈谈。"

俩人刚刚坐定,有只大象从远处走来,就在离他们不远的一棵大树下,很安详地躺下,睡了起来。

佛陀问:"你看到那只大象在那儿睡觉了吗?"

他说:"看到了,佛陀!"

佛陀开导他说:"这只象有眷属五百只,日夜围绕身边,非常吵闹,所以它想暂时在此好好地休息一样。象是畜生类,都懂得舍闹取静,可惜有很多人却不懂得爱惜静谧的环境。闹,往往是心在闹。修行一定要坚定心志,心安于静。"

僧人听了,惭愧地说:"我明白了,佛陀,在僧团里,可以互勉精进,弘扬佛法,而我却不知惜福、惜缘,离开僧团。现在一个人在静中,心情又很纷乱,真是惭愧!我愿意再随您回到僧团,与众比丘一同接受教法,相互勉励,精进修行。"

经常听到一些人说,想找一个清静的去处,让自己静一静。很多商家也乘机打出了"背叛城市,回归自然"的招牌,但是事实上,这个"清静去处"只能向内求,向自己的心中求。如果我们的心不能真正地静下来,即使遁迹深山老林,也会被心头的纷乱烦恼所侵扰,纠缠其中,不能自拔。真正的静,是心静而非形静。与其改变环境,不如改变自心。

我们可能听过这么一句话:"心静自然凉",即使面对炎热的环境,如果你能静下心来去抵御酷暑,那么你就会感觉到凉意,如果只是一味地追求外在的凉爽,有时候会适得其反,更感觉到热。我们在行事的过程中也是一样,只有保持内心的平静镇定,才有可能成就一番业绩!

一个人的心导致他行为习惯的好坏,心是好的,他的为人就是好的,心生邪恶,那么他的为人也一定奸诈。现如今的社

会，五光十色的生活让我们身处闹市中的心感到疲倦。所以，很多人希望有一片世外桃源供自己休养生息，喝喝茶，听听音乐，远离都市中的繁杂，这是很多人的梦想。可是，这样清净的环境现实中却没有，即使有的话，你一个人同样也会感觉到寂寞，所以，想找清静的地方只有一处可去，那就是自己的内心，心是这个世界上最清静的地方，无论外界如何繁杂，只有心能做到不被尘世污染！

静以修身的环境是自己塑造出来的，如果我们只是一味地去寻找这样一个地方，我想走遍天涯海角你也不可能找到，离自己最近的清静之地就是自己的内心。人的感情都是由心生出来的，我们的心是什么样的，看到的世界也就是什么样的。就像你的心是污浊的看到的世界就是污浊的，你的心是清静的，看到的这个世界也是清静的。

我们总是会被这个花花世界迷惑身心，那些虚伪，狡诈，贪婪，欲望时时充斥着我们的眼睛，很多人因为受不了诱惑所以污染了自己的内心。正因为自己的心被污染了，所以，他们才会被烦恼和忧愁所困扰，找不到清静之地，找不到快乐所在。

清洁自己的心，你也就会发现清静之地！

凡事不要只想自己

一位禅师在寺院里种了一棵菊花，每日精心护理，到了第三年的秋天，整个寺院都变成了菊花园，香气传到了山下的村子里，村人都忍不住地赞叹："好美的花儿啊！好香的花儿啊！"

一天，有人问禅师，能不能送我几棵花种到自家院子里？禅师不仅答应了，还亲自动手挑选了几棵开得最鲜艳、枝叶最粗壮的菊花，送给了那个人。消息传开，前来要花的人接连不断。禅师来者不拒，谁要给谁，不多日，满寺院的菊花被送得一干二净。

没有了菊花，院子里就如同没有了阳光一样寂寞。弟子们都说："真可惜啊！师父把菊花都送了人，以后再也闻不到菊花的香味了……"

禅师听到后，笑着对弟子们说："你们错了！三年之后，必定是一村菊香。"

"一村菊香！"弟子不由得心头一热。

禅师说："你们想想，是一院菊香好，还是一村菊香好？我们应该把美好的事与别人一起共享，让每一个人都感受到这种幸福，即使自己一无所有，心里也是幸福的！那样我们才能真正地拥有幸福。"

爱是会传染的。一个喜悦与人共享,就有了两个喜悦。两个喜悦与人分享,就有了多个喜悦。但是,只有"我爱人人",才谈得上"人人爱我",觉悟者的任务,正是走在世俗的前面,引导众生。不要只想着自己,否则终究未免落于小乘道法。把美好的东西拿出来与别人一起分享,你就能看到别人脸上洋溢着的笑容,你就能体会到,与人分享幸福,比自己占有幸福更幸福!

我们总是很讨厌那些自私的人,凡事只想到自己,总爱贪些小便宜,这样的人大都没有什么好的成就,因为他们一直在一个狭小的空间里徘徊,不可能走上人生的大道。每个人如果只想到自己,那么这个世界也就没有爱可言了,只有人人都献出一点爱,世界才会变成美好的明天。奉献出自己,其实就是把世界收揽于眼底!

每一样东西都是循环相互的,你奉献了自己的东西,那么别人的东西也会奉献给你。就像你有一个苹果,如果把苹果分开给别人吃一半,你就有可能得到别人赠送给你梨子,这样你就品尝到了两种味道。如果 你只是把苹果占为己有,那么品尝到的就只有一种味道。

很多人不懂得分享,总是把自己看得很重,凡事都想着自己,这样的人就会被人疏远,别人就觉得没有什么可交之处。那些成功的人,他们总是把自己的财富回馈给社会,这也是他们的一种奉献精神。他们的财富可以帮让更多人脸上露出笑容,那么他们也同样会露出笑容,这个世界上最令自己骄傲的事情就是可以看到很多人因为自己而感动而快乐,别人的快乐也就是自己的快乐。奉献自己,是一种智者的表现,不要只想着自己。

懂得分享,是一个成功人士必备的要素。比如你经营一个很大的公司,和别人抢业务的时候如果适当地把自己的一些业务让给别的公司,和他们共同成长,这样才会让整个供应链持久。如果所有的业务只有自己做,那么也就没有竞争了,没有竞争的市场也就不叫市场了。

无论是生活中还是工作中,一定要懂得分享,分享自己的东西也就意味着获取别人的东西!

拥有湖一样宽广的胸怀

有个人请教一位得道高僧："请问大师，为什么老天对我如此不公？别人总是快快乐乐，而我却有那么多的苦恼？不仅老天对我不公，我身边的人也对我不公，有些人总是笑话我，鄙视我。"

高僧没有回答，而是让人取来一些盐和一杯水，让他把盐放入杯中，过一会儿再喝下去，然后问他味道如何。

这个人说："很苦。"

高僧又让他带着等量的盐，带到来到一个大湖边，先让他把盐倒入湖水中，然后又让他喝了一口湖水。

"味道怎么样？"

"很清凉。"

"有苦味吗？"

"一点儿也没有。"

高僧语重心长地说："上天对每一个人都是公平的，就像你倒进杯子里和倒进湖里的盐一样多。为什么你品尝到的味道完全不一样呢？原因就在于你的胸怀还不够宽广。面对生活，我们需要有一个湖一样宽广的胸怀，而不是一杯水。"

拥有湖一样宽广的胸怀，首先就意味着我们要正视并容

纳生命中的不如意。生而为人,我们注定逃不出这个喧嚣的社会,总有些人会为你有意无意地准备一些"烦恼盐",我们需要做的,应该做的,就是不断修炼我们的胸怀,只要你的心量够大,烦恼也就像投入湖水中的些许盐巴一样,微不足道。烦恼又如轻风,只要我们的心湖保持宁静,无限宽广,即使水面微漪,也是另一种美丽,另一种风景。所以,何不把自己由一杯水变为一片湖?

烦恼皆由心生,心胸越开阔的人烦恼也越少,心胸越狭隘的人烦恼也会越多。胸怀的宽广或是狭隘决定了一个人烦恼的多少,我们要想拥有一个快乐的人生,就要学会敞开自己的胸怀,去包容那些不如意的事,这样才可以让烦恼远离你。

人们常说宰相肚里能撑船,其实就是说他的胸怀宽广。他们总是能够把一些烦恼转化为动力去激励自己前进,如果能够正面地去应对这些烦恼,那么人生也就随处可见快乐!肚量和胸怀会让一个人从气质上可以体现出来,比如别人有时候说了一句不中听的话,智慧的人就会把他当作笑谈一笑而过,有时候还会使用一些技巧化解它。而那些愚钝的人却会大动干戈,非要和别人理论一番不可,这样的人就会失去君子风范,别人认为他不懂得交际。一个有胸怀的人,也有一个快乐的心境,没有胸怀的人,也有一个烦恼的心境,快乐和烦恼都是自己设定的,你想怎么去走,就看自己了!

烦恼的人会被生活中的琐事所困扰,柴米油盐,鸡毛蒜皮的事情都会引起烦恼。这样的人,怎么会有快乐呢,在他们的眼里,随处都是烦恼。而那些胸怀宽广的人,却能把烦恼变成快乐,在他们眼里,随处都是快乐,这两种不同的人生,也代表

了不同的心态,心态是什么样的,人生也就什么样!

　　所以,在生活中,我们一定要锻炼我们的胸怀,不要遇到任何事情都动气。我们要把烦恼看成一种动力,它可以激励我们前进,可以帮助我们发现快乐的源泉,可以让别人发现我们的魅力所在,一个胸怀宽广的人,总会受到别人的喜爱,那么快乐也就应运而生了!

第四章　不愤怒的人生哲学

愤怒是地狱

一个名叫信重的日本武士惑于"天堂地狱"之说，特向白隐禅师请教："禅师，世上真的有天堂和地狱吗？"

白隐问他："你是做什么的？"

"我是一名武士。"信重答道，言下颇为自傲。

"你是一名武士？"白隐叫道，"什么样的主人会要你这种武士？看看你的脸，像个叫花子！"

信重怒火中烧，按住剑柄，作势欲拔。

白隐却还在火上浇油："哦，你有一把剑，但是你的剑也太钝了，根本砍不下我的脑袋。"

信重怒不可遏，呛啷一声拔剑出鞘，指向白隐的胸口。

"地狱之门由此打开。"白隐缓缓说道。

信重心头一震，当下有所悟，感佩之余，赶紧收起剑，向白隐深深一躬。

"天堂之门由此打开。"白隐欣然而道。

愤怒之火在心中熊熊燃烧时，不仅会焚烧自身，还会引火烧人，伤及无辜。因此于己于他人，都是不利的。

当一个人被愤怒的情绪支配时，他的身体的各个部分都会有做出反应。比如面无表情，布满阴沉，心跳加快，血压突变等等,如果长期生活在这样的环境中,无疑会对自己的身心造成极大的摧残,各种疾病也会乘虚而入,使自己在病魔的折磨中痛不欲生。很多精神病患者就是就是因为愤怒之火得不到遏制而得到自焚的结果。所以,愤怒就是一步步地把自己送向地狱之门的源头。

再者,愤怒呈现在脸上的会是一种阴森可怕的表情,给人一种像地狱一样的恐怖感觉,因而不敢接近你。这会让你与你身边的人产生距离,而且越拉越大,对你的生活和工作产生无法想象的影响。假如你将愤怒之火烧到别人的身上,对别人破口大骂甚至大打出手,其结果更糟,会直接导致你们之间的情感的破裂。一旦破裂,就不会像被撕乱的衣服那样容易得到修复。它会永远成为一道伤痕,无法愈合,形成一道隔阂,挥之不去,阻碍你们之间的正常交流。

有一位丈夫在外面受气回到家里后,就把心中的愤怒撒到妻子身上。平时为了一丁点儿小事也要勃然大怒,朝着妻子大吼大叫。妻子心里受了委屈,很长时间都不跟丈夫说话。丈夫不仅没有悔改之心,还依旧我行我素,严重影响了家庭的正常生活。妻子最后毅然决然地含泪出走了,始终未归。

一个完好的家庭就这样残缺了。一切都是愤怒惹的祸,它就像魔鬼一样,侵蚀着人们向善的心灵。愤怒的背后就是地狱的深渊,我们应该远离愤怒,改变自己易怒易爆的脾气,让自己的生活环境变得更加和谐、温馨。

智慧与愚痴的区别

古时候，有个又穷又蠢的人忽然发了横财——捡了满满一大袋金子。

但黄金非但没能让他的日子舒心起来，反倒给他平添了许多烦恼——人们都知道他愚蠢，脑筋不全，好糊弄，于是包括他的亲戚在内的很多人，都想方设法地骗取他的钱财。本来他的脑袋就像糨糊一样，面对人们故意设计的种种圈套，他如何能辨别、能识破？因此他不断出手的银子，就像打狗的肉包子，总是有去无回。

后来他听说佛法能消除人的烦恼，就到附近一所寺院中，向一位禅师请教。

禅师说："你现在虽然有了钱，但是没有智慧，没有智慧的人难免上当受骗。"

"那么我怎样才能有智慧呢？能不能用钱买来？"

禅师点点头说："能。但是你要牢记，凡是向你要钱的人都是在骗你，只有卖给你智慧而又不收钱的人，教给你的才是真正的智慧。"

告别禅师，他来到了城里，因为在他的心目中，城里人比乡下人精明。城里人的确比乡下人精明，听说他要买智慧，都在暗自嘲笑他的同时，挖空心思地骗他的金子。但他牢记着禅师的话，任你说得天花乱坠，只要你要钱就不是真智慧。最终，那些心怀鬼胎的人费尽心机却两手空空。而他在购买智慧的过程中,见识了许多花样翻新的骗局,渐渐也就能看出其中的破绽了。

城里人见难以得逞,便戏弄他说,城外破庙里的那个乞丐僧很有智慧。他兴冲冲来到破庙里,在一堆稻草中找到了那个乞丐僧。乞丐僧告诉他:"你若是遇到疑难问题,一定不要急着处理,可以等智慧来了再说。"

"可是,智慧怎样才能来呢?"

"每逢遇到棘手的难题,你就先向后退七步,然后再往前走七步,如此重复三次,智慧自然而然就来了。"

难道智慧就这么简单?他将信将疑地踏上了回乡之路。回到家里,已经是半夜时分。进到卧室,黑暗之中,他朦朦胧胧地发现,妻子居然在与另外一个人同床共眠!

他想,一定是野汉子趁他外出期间,与妻子勾搭上了!顿时,他的心中燃起了熊熊怒火,他拔出随身携带的尖刀,刚要刺下去,忽然想到乞丐僧教他给的智慧,何不试一试?于是他退后七步,前行七步,如此重复了三次,发热的头脑竟然冷静了一些。他决定先捻亮灯,看看这个与妻子同床的人究竟是谁。在灯光亮起的同时,那个与妻子共眠的人也惊醒过来,翻身坐起——是他的母亲!原来他外出之后,妻子害怕,就请婆婆来做伴。

"天哪!若不是乞丐僧传授给我的智慧,我将闯下怎样的灾祸!"天一亮,他立刻布施了一半金子,为那个乞丐僧重新修建了寺庙。

小人易怒，君子戒怒，这不仅是品格高下的差别，也是智慧与愚痴的差别。有些人翻脸如翻书，很大程度上就是因为他们不具备用智慧解决问题的能力。

　　冷静即是智慧。因为不冷静就无法心平气和，不心平气和就容易情绪化，到最后不仅解决不了问题，往往还会让问题严重化、复杂化。"不如意事常八九"，遭遇逆境或不平事，请把情绪隔离起来，请保持冷静！

　　遇事沉着冷静是一种智慧。生活的经验告诉我们，做事情要沉稳冷静，忙而不乱。如果急躁冲动，就会出现很多不必要的失误和差错，因为人在这种情况下做出的决定带有很强烈的感性因素。

　　不慌不乱的沉着冷静是一种优秀的品质，机智和勇敢都与它有着千丝万缕的联系。有人把"急中生智"理解为人在火燎心急的时候会有智慧来敲门，其实不然，若没有冷静的因素在其中起至关重要的作用，也不会生出一点解决问题的机智来。勇者无畏也建立在沉着的心理素质基础之上，只有靠这强硬的心理品质，才能顶住一切压力，智勇无敌，所向披靡。

　　我们小时候就听说过"司马光砸缸"的故事。这个故事很有教育意义。他的砸缸举动之所以流传千古，是因为当小孩坠入水缸之后，他没有慌乱，而是从容镇静，所以最终能够急中生智，另辟蹊径，投石砸缸，救出小孩。在众人的慌乱无措中，谁能沉着冷静地面对事情，谁就是事情的最终解决者。

　　智慧与愚痴的区别在于遇事沉着冷静与否。人总是容易被情绪和感性冲昏头脑，尤其是当一些突如其来的激动情绪涌入情感时，就更需要保持适当的理智。万事冲动，感情用事，

是一种愚蠢的生存法则，应该避而远之。凡事都要沉着冷静，自己开动脑筋，排除外界干扰，学会自主决断。

　　拥有沉着冷静的人才能在纷乱的事物中有异乎寻常的成就。所以不论什么时候都要保持一份不惊不慌的心情，事情越复杂越要沉着冷静。

控制你的无名业火

有一次,佛陀向诸佛弟子说法时,来了一位女子,坐在佛陀身旁片刻,便入定了。

文殊菩萨见了就问佛陀:"佛陀,这个女子为什么在您身旁就坐片刻就能入定,而有智能第一之誉的我却不能?"

佛陀回答道:"你把她从定中引出,自己去问她。"

于是文殊菩萨就走上前去,但他施尽了神通,都不能使这个女子出定。

佛陀说:"现在就算有千万个文殊,也不能使这女子出定。如果一定要她出定的话,在下方世界恒沙国土,有位罔明菩萨可以做得到。"

刚说完,罔明菩萨就从地下涌出,向佛陀行礼后,只一鸣指,那个女子就出定了。

❖❖❖

罔明也即佛法中的无明,或无名烦恼,它是嗔念的根源,随随便便一句话,能令人欢喜,也能令人恼恨;鸡毛蒜皮的一件事,能让人高兴,也能让人生气。

禅定讲究的是不为外境所动,修炼至一定境界,即便智识如文殊菩萨,也不能动摇。而下界的罔明菩萨,也即嗔心一起,旁人稍一刺激就出定了,所谓"一念慎心起,百万障门开。"

在社会的大舞台上,我们会遇到形形色色的人,会遇到与自

己的价值观有很大差异的同事、领导、合作伙伴等等,因此会产生各种各样的矛盾,这是无法避免的。但如果因此而动怒的话,很可能会带来意想不到的恶果。人在失去控制,失去理智的情况下,很容易步入迷途,因此我们需要控制自己无明业火。

无明业火犹如藏在人体中的一桶烈性炸药,随时都有可能酿成大祸,炸掉的有可能会是自己的事业,也有可能是自己宝贵的生命。我们遇事需要冷静,三思而后行,把自己的怒火控制在泯灭状态,不让它燃烧起来。

在现实的工作中,我们可能会因为老板的吹毛求疵而动怒,可能会因为待遇的不公正而动怒,可能会被同事恶意中伤而动怒,不管是什么理由,我们都要控制住心中的怒火,不让其爆发出来。同时也应该找到合适的方法发泄心中的愤怒,不让它积郁成灾。比如学会原谅他人,一旦你原谅了你憎恨的人,你就会赢得心理上的优势和其他人的支持。在心理上,我们还可以找朋友说出心中的愤怒,让自己劳累的心得到些安慰。在古老的西藏,就有一个叫爱迪巴的人,每次生气和人发生争执的时候,就以很快的速度跑回家去,绕着自己的房子和土地跑三圈,然后坐在田地边喘气,以此来发泄心中的愤懑。这就是一种控制自己的无明业火的良方。

人应该控制怒火而不应该被怒火控制。相信自己有控制怒火的能力,使自己在社会的舞台上走得更潇洒!

被人讥讽，更需要保持镇定

话说苏东坡在瓜州任职时，与一江之隔的金山寺住持佛印禅师相交莫逆，二人经常一起参禅论道。一日，苏东坡静坐之后，若有所悟，便作了一首诗偈，遣书童送给佛印禅师印证：

稽首天中天，毫光照大千。

八风吹不动，端坐紫金莲。

佛印从童子手中接过诗偈，莞尔一笑，取出毛笔批了两个大字，叫书童带回。苏东坡本以为佛印会肯定自己的思悟，孰料打开诗作，却看见上面赫然写着"放屁"两个大字，不禁怒火中烧，立刻乘船过江，准备找佛印理论。

船到金山寺边，佛印早已恭候多时。苏东坡连寒暄都省了，见面就大声质问："大和尚！我们是至交好友，我的诗，我的修行，你不肯定也就罢了，怎么能恶语中伤？怎么能骂人？"

佛印却若无其事，笑呵呵地反问："我怎么中伤你了？骂你什么了？"

苏东坡就把诗上批的"放屁"两个字拿给佛印看。

佛印装模作样地看了一看，然后哈哈大笑，说："哦！原来如此啊！我还以为你真的是'八风吹不动'呢？没想到一个'屁'字就把你打过江来了！"

"这……"苏东坡结结巴巴，一句话也说不出来，心里却不由得对佛印暗挑大拇指。

————※————

即使只是在我们这本书上，才华横溢的苏学士也称得上是屡战屡败了。好在他居然做到了越挫越勇，屡败屡战，为我们留下了这么多不合时宜的典故，也为我们提供了不可多得的顿悟教材。想想吧，苏东坡的悟性可不是一般人能及，但即便是他这样根性上乘的高雅之士，也难免对"放屁"二字大光其火，非要有佛印这样的强人点上一点，才能恍然大悟，可见这世界上的事情，懂得其中道理就不容易，而懂得其理又能依照其理严格施行，则是难上加难。以苏学士为诫，擅自修持吧！

人生在世，难免会留下笑料把柄。面对别人的讥讽，是置若罔闻还是耿耿于怀，完全取决于你对生活的态度。生活就应该这样，改变能改变的，对于无能为力的事情，就该坦然面对。讥笑是别人的事情，我们无法控制。如果因为别人的讥讽而自惭形秽，寝食难安，甚至怒火中烧，我们的生活就会被这些琐碎的恶劣情感填得严严实实，导致理性的缺失，从而影响自己的正常思维。

在生活中，我们应该理智地面对别人的讥笑与羞辱。别人的讥笑是上天给一个人走向成功的鞭子，我们不能因为鞭打的痛苦而丧失希望，应该保持镇定，清醒地看待这种刺激与羞辱，并以此为动力，奋发图强，向自己的成功之路迈进。

俗话说，冲动是魔鬼。克制不住镇定的冲动只会把自己送向恶魔的深渊。有这样一个例子，一位学生因为身体缺陷而常常遭到同学们的讥笑，几度容忍后，他再也克制不住心中的怒

火,拿出圆珠笔,狠狠地把人家刺死了。这个例子深深地告诫我们,因别人的讥笑而动怒,会把自己置于异常危险的境地。

　　别人的讥笑之声传来时,我们当然会有愤怒的情绪,这无可厚非,毕竟"怒"作为人生情感的一大元素自始自终存在着。但我们绝不能被这种情绪牵引,否则一重重悲剧会悄然而至。面对别人的讥笑,不悲观悯人,也不默认自己的无能,时刻保持镇定,相信明天太阳依旧升起,花儿依然开放,鸟儿依旧歌唱。勇敢面对,奋发向上,胜利的光环一定会戴在你的头上。

不生气是走向幸福的第一步

古时候,有一位妇人,脾气特别不好,动不动就为一些琐碎的小事生气。她自己也知道这样不好,于是她便去求一位高僧为自己谈禅说道,开阔心胸。

高僧听完她的讲述,便把她领到了一座禅房中,咔嗒一声,落锁而去。妇人见高僧居然说都不说就把自己关了禁闭,当下气得跳脚大骂。

但她骂得口都干了,高僧也不理会她。于是妇人开始哀求,高僧仍然无动于衷。

妇人终于沉默了。高僧来到门前,问她:"还生气吗?"

妇人说:"我只为我自己生气,我怎么会这么笨,好端端地非要到这种地方来受罪?"

"一个连自己都不原谅的人,怎么可能心如止水?"说完,高僧再次拂袖而去。

过了一会儿,高僧又来到门前,问她:"还生气吗?"

"不生气了。"

"为什么?"

里面无语。

"你的气并没有消,还压在心里,到时候一旦爆发会更猛烈。"说完,高僧又离开了。

高僧第三次来到门前时,妇人告诉他:"我不生气了,因为不值得气。"

"还知道值得不值得，可见心中还有衡量，还是有气根。"高僧笑道。

当高僧的身影迎着夕阳立在门外时，妇人问高僧："大师，什么是气？"高僧将满杯茶水倾洒于地。妇人视之良久，终于顿悟，然后叩拜而去。

人要有好心态，就不容易生气。不生气，就容易进入伟大的生命意境。人生的幸福和快乐都未必都来得及享受，哪里还有时间去生气呢？因此，凡事都应心平气和。即使是那些谁看了都生气的人或事也不要生气，因为一来它们或者不值得你生气，二来生气非但不解决问题，还是缺乏智慧的表现。

每个人的心中都有自己的信念体系和价值体系，当某事物或某现象触犯这些体系的时候，难免会出现生气的情感体验。

生气是一种负面的情绪，长期沉湎在这种情绪中，会给心理带来极大的伤害。生气是可以控制和避免的，孔子就提倡"不愠不怒"。凡事不急不气，以一颗平常的心看待周遭的一切，才能领悟到生活的真谛，心灵的幸福之门才会为你洞开。人生的最大价值就在于心灵的幸福，其他的只不过是身外之物。如果动不动就生气，不给心灵一片净土去志存高远，这种幸福只会渐行渐远，让你无法企及。

在现实生活中，有很多人习惯性地生气，很少消停下来关注自己内心的真实感受。其实，只要我们把心中恪守的信念体系放宽一些，不以严格的标准来要求他人，同时以宽恕的心态对待别人的错误，生活就会变得更加轻松，变得更加称心如意。

俗话说"壶小易热，量小易怒"，人就应该胸怀大度，凡事总斤斤计较，无异于作茧自缚，自己给自己营造生气的氛围。俗话说得好，"笑一笑十年少，愁一愁白了头，怒一怒少了岁数"。大家都知道《三国演义》中诸葛亮三气周瑜的故事，周瑜因气量太小，最终中了诸葛亮的计策，年纪尚轻，就因心胸狭窄而死了。我们应该明白，生气所伤害的不是别人，而是自己。所以生气就是拿别人的错误来惩罚自己，何必呢！

所以，在生活中应力争做到胸襟开阔，乐观豁达，小事不计较，大事想得开，快快乐乐地生活，迈开幸福的第一步。

像远离毒蛇猛兽一样远离嗔心

有一天，日本的山冈铁舟禅师去相国寺参访独园禅师。

为了表现自己的悟境，山冈颇为得意地对独园说："心、佛、众生，三者皆空，一切皆空。现象的真性是空，无悟无迷，无圣无凡，无施无受。"

山冈一边说，独园一边吸烟，只字不答。

山冈终于不说了，独园突然举起手中的烟管照山冈头上就打，山冈怒火中烧，吼道："你打我干吗？"

独园哈哈大笑，说："既然一切皆空，你又哪儿来这么大的脾气？"

所谓嗔心，是对自己不喜欢的事物产生的排斥、憎恨、恼怒等非常恶劣的心理情感。嗔心长期潜伏在内心，会对一个人的身心产生巨大的伤害。嗔心呈现在外表上，则是一种愤怒的表情或动作，让人觉得阴险、奸诈或是恐怖，仿佛生命将会受到威胁，让人不可接近。被嗔心缠身的人很容易走上极端的道路，做出匪夷所思的事情，害人又害己。

爱发火的人常常被内心的嗔怒所驱动，与身边的家人、同事、朋友等发生冲突，事过之后，内心也会一直处于愤懑之中，久久不能释怀，似乎所有安乐和喜悦都已经远远离开了他。长此以往，心理异常失衡，嗔心会在心灵深处像蔓藤一样到处攀

爬,不断升级。当嗔心突然爆发,被付诸行动时,理智不见了,道德不见了,甚至把法律也抛之脑后,做出愚蠢之极的傻事,葬送了自己,又伤及了无辜。

在生活中,我们可以发现,有些丈夫虽然可以赚很多钱,但是回到家里就摆出一副嗔怒的脸,动不动就勃然大怒,结果招致妻子的厌恶和反感,从而毅然决然地选择离开他。一个单位的待遇即便很高,如果上司经常无理地斥责和谩骂员工,也会招致员工的纷纷跳槽。

嗔心造成的危害是无法弥补的,我们应该避而远之。远离嗔心,就是远离苦海。当我们内心涌起嗔心的苗头时,我们要学会忍,虽然"忍"字头上一把刀,会很痛苦,但是凡事忍一忍,就过去了,就不会滋生许多不必要的麻烦。

生而为人,遇到不如意的事,尤其是被他人损害的事,自然会心头火起。这心头火就是佛教讲的"嗔心",与"贪"和"痴"并称为"三毒",处理不好,就会生起憎恨,身心就不能平静,由此产生的忿、恨、恼、嫉、害等危害极大的情绪,进而引起仇恨心理,引发争斗,甚至互相残杀,轻者危害一人一家一村,重则使整个社会、整个国家陷入灾难。每个人都应该像远离毒蛇猛兽一样远离嗔心,以免"毒"发身亡!

不逞一时之勇，不为小事耿耿于怀

　　唐朝开元年间，有一位来自日本的梦窗禅师，因其德高望重、佛法精深，被唐玄宗李隆基封为当朝国师。

　　有一次，国师搭船渡河。渡船刚刚离岸之际，远处来了一位骑马佩刀的将军，将军大声喊道："等一等，等一等，载我过去！"

　　船上的人都说："船已开行，让他等下一班吧！"于是船夫大声回答道："请等下一班吧！"将军听了，非常失望，急得在岸边团团转。

　　这时，坐在船头的国师对船夫说道："船家，这船离岸还没多远，你就行个方便，回头载他过河吧！"

　　船夫见他气度不凡，加之也不想得罪那位将军，于是掉转船头，让那位将军上船。

　　谁知将军余怒未消，他骂骂咧咧地上得船来，四处找座位，但座位已满，这时他看到了坐在船头的国师，便迁怒国师，挥起手中的鞭子便打，嘴里还粗野地骂道："你这个老和尚！没看见本大爷上船吗？滚远点，把座位让给我！"国师来不及躲闪，将军的鞭子正好落在头上，顿时鲜血顺着脸颊直淌。但国师一言不发，默不作声地把座位让给了将军。

　　这一切，大家都看在眼里，很多人忍不住窃窃私语：禅师要船家回头载他，他非但不道谢，反而抢禅师的位

子,鞭打禅师,真是忘恩负义。

　　听到大家的议论,将军非常惭愧,但碍于面子,他不好意思认错。

　　不一会儿,船到对岸,国师默默地走到水边,清洗脸上的血污。将军见了,再也忍受不了良心的谴责,上前扑嗵跪倒,忏悔道:"禅师,我真对不起你。"

　　国师赶紧搀起将军,心平气和地说:"不要紧,出门在外,难免心情不好。"

- - -

　　人世间什么力量最大? 是忍辱。只要我们的生活中多一些起码的宽容、理解和尊重,那么世界上就会少一些猜疑和怨恨。世界上并非只有宰相肚里能撑船,不逞一时之勇,不为小事、闲话耿耿于怀,人与人之间就会相处得更加和谐。

　　作为现实生活中的一分子,每个人都处于不同层次、不同关系的网络中,时时与周围的人发生这样或那样的联系,在处理这些联系时,难免会出现些小摩擦,如果过分在意,不仅会影响我们的心情,而且还会连累我们的工作和生活,到头来得不偿失,后悔莫及。因此,对小事要淡化,不要过分在意,可以从另一个角度来考虑问题,以开阔的心胸、乐观的精神态度来接受它。处处克己让人,时时大度容忍,不为一点小事而耿耿于怀、自寻烦恼,做一个善于化解心中不平之事的人。

　　其实,那些让我们忧心忡忡的小事,在时过境迁之后,就会了无痕迹,而我们当初因怀恨小事而造成的心烦意乱只不过是一场庸人自扰罢了。生命太短促,时时为这些琐碎的小事

伤神,实在是一桩罪过。

　　有个作家很喜欢安静,在过去写作的时候,经常因为公寓里热水器的噪声而抓狂,几乎要疯掉。有一次和朋友外出露宿,燃烧的木材也发出了噼噼啪啪的响声,但他觉得这声音很好听。之后,他心里就纳闷了,同样是响声,为什么会厚此薄彼呢?回到公寓后,他开始接受热水器的噪声,然后就完全忘记了。

　　生活中的很多忧虑都是这样,本来无关大碍,却总要在这些小事上纠结沮丧。人生短短几十年,时间一去不复返,何必为一些小事、闲话耿耿于怀,浪费美好的幸福时光呢!

能忍的人，走到哪儿都是海阔天空

当代高僧广钦禅师早年在承天寺参禅时，认为自己没有福报，不敢接受供养，就千方百计地"刻薄"自己，他先是走出寺院，在山洞里一住就是十三年，期间还曾徒手搏杀猛虎。后来他虽然回到了寺庙中，但坚持不住寮房，而是主动要求守大殿。因为大殿不能安床铺，每天晚上他只能在大雄宝殿打坐。

由于僧众们都知道广钦此前在山洞中过了十三年，因此习以为常。但是过了一段时间，一天早上，方丈召集大家说，昨天晚上大雄宝殿的功德箱被盗了！由于过去没人值守大殿功德箱也从未被盗过，所以大家自然而然地怀疑到了广钦的头上。即便他没偷，他也应该知道，也有责任。于是大家都对他有了看法，后来包括在寺里挂单的僧人、居士都很鄙视他。

广钦却从未申明一句类似"我没有偷，也没有看到别人偷"的话，好像这件事根本与他无关一样。别人背地里骂他、指责他，他权当听不见，若无其事。

这样过了一个星期，方丈又召集大家宣布说："根本没有功德箱被盗这回事，我之所以这么说，是为了考验一下广钦住在山洞中十三年，到底有没有功夫。现在证明他真有功夫！"

事实证明，忍者无敌！能忍的人，走到哪儿都是海阔天空；不能忍的人，走到哪儿都是对立冲突，最后受伤的一定是自己。现实生活中，总是有人因一时的冲动、控制不了脾气，而酿成无法挽回的大祸。所以，当你一时之间无法改变别人的看法时，当你处在越描越黑的危险境地时，当你不得不低头时，当你不值得为一些小事乱大谋时，姑且忍之，时间不仅会证明你的功夫和清白，还能让你积蓄能量，待到无须再忍时，一切都会豁然开朗。

相信大家都听说过"忍常人所不能忍，成常人所不能成"这句话，但是否都能明白其中所蕴含的道理呢？

忍不是懦弱，也不是在妥协，而是一种生存智慧。忍不仅能够让我们避免正面冲突，引起不必要的麻烦，更重要的是它在给我们一个蓄积力量的机会。一个人的成熟程度往往体现在他所忍的力度上。

忍不是单纯地压迫自己、委屈自己，而是一种很理性地认识自我。我们所忍的多半是自己所不能接受的。为什么不能接受呢？因为我们经常要求别人按照自己惯有的逻辑去行事。有时候这本来就是一种无理的要求，我们需要通过忍来重新审视自己，让自己更加完善。

在面临别人的讥讽嘲笑或是欺凌时，我们如果以忍的姿态取代针锋相对，则会给自己赢得一片海阔天空，"小不忍则乱大谋"正是这个道理。我们都很熟悉越王勾践的故事。勾践为了复国大计，能忍受常人所不能忍，给阖闾看坟，给夫差喂马，还给夫差脱鞋，服侍夫差上厕所。吴王夫差外出游猎时，他甚至还跪伏在马下，让夫差踩着他的脊背上马。勾践强忍着吴

国对他的精神和肉体折磨,对吴王夫差表现得恭敬驯服。然而正是在这种强忍的煎熬中,勾践慢慢积蓄着力量,最终实现了光复计划。

前人的例子告诉我们,静静地忍耐吧,让一切先放放,但千万不要忘记理想和斗志。容人所不能容,处人所不能处,给自己一片海阔天空以储蓄力量,相信大家都会迎来自己的春天!

做事不迁怒于别人

有一天，禅宗大师林才正在打坐时，一个朋友从外面走进禅房。他猛地推开房门，然后又猛地关上门，心中的怒火暴露无遗。摔完门，他又大力踢掉鞋子，向林才走过来。

林才摆摆手，制止他说："等一下，先别过来，先去请求门和鞋子的宽恕。"

朋友说："你说些什么呀？我听说你们禅宗的人都是疯子，看来这话不假。你的话荒唐得可笑，我一个大活人，干吗要请求门和鞋子的宽恕……再说了，那双鞋子是我自己的！"

林才说："你出去！永远不要再来，你既然能对鞋子发火，为什么不能请它们宽恕你呢？你发火的时候，丝毫没有想到对鞋子发火是多么的愚蠢。如果你能同愤怒相联系，为什么不能同爱相联系呢？关系就是关系，愤怒是一种关系。当你满怀怒火地关上门时，你便与门发生了关系，你的行为是错误的，是不道德的，那扇门并没有对你干什么事。你先出去，否则就不要进来。"

林才的话触动了朋友的心，瞬间，他开悟了。他明白了其中的逻辑，的确，如果能够发火，那我为什么不能去爱呢？想到这儿，他走到门前，抚摸着那扇门，泪水夺眶而出。然后，他走到自己的鞋子面前，深深鞠了一躬。

最后,他转过身走到林才面前,林才立即伸开双臂,和他拥抱在一起。

请求门和鞋子宽恕,向它们道歉,这看似很荒唐,其实有道理:门,为我们遮风挡雨;鞋,帮我们行万里路,没有理由不尊敬它们。对它们心怀敬意,我们就不会迁怒于它们,更不会迁怒于别人。一个人只有做到了不迁怒,才有可能控制心中的怒火,才能冷静地处理事物,平静地品味生活。

当我们满腔怒火的时候,整个心境处于焦躁状态,控制不好就很容易将内心的怒火爆发出来。因为人在不顺心的时候看什么都觉得碍眼,总想着要找东西来平衡一下心理,这时候首当其冲的就是身边的家人和朋友。所以,很多人一旦因受挫而发脾气,身边的人就会受牵连。

迁怒于他人是一种很严重并且会无故伤及他人的人格缺陷,双方之间的感情有可能会因此而破裂,导致隔膜的产生,一时不能沟通,而且在对方的心里留下不可磨灭的负面印象。经常迁怒于别人,只能说明一个人的心智还不成熟,意志不够坚定,以至于不能控制自己的情绪。

有这样一个售货员,心情不好的时候脾气特别暴躁,经常迁怒于顾客,结果很多顾客都避而远之。到了年终查看业绩的时候,她排名倒数第一,老板觉得她破坏了公司的形象,所以丝毫不留情面地将她解雇了。迁怒于他人的恶果就是这样,会给别人带来厌恶感,继而影响自己的前途和命运。为了更好地与我们身边你的人相处,我们应该学会推己及人,凡

事将心比心,考虑别人的感受,站在对方的角度来看问题。当我们心情不舒畅的时候，要提高和学会调整情绪的技巧,增强心理承受能力,使自己的情绪向正面效应转化,切勿迁怒于别人。

暴躁脾气不是天生的

日本的盘圭禅师说法时不仅浅显易懂，而且常在结束之前让信徒提问题，并当场解说，因此不远千里慕名求道而来的信徒很多。

有一天，一个信徒问盘圭禅师："我天生脾气暴躁，动辄得罪他人，不知该怎么办才好？"

盘圭说："是怎么一个'天生'法？你天生就有这么有趣的东西吗？你把它拿出来给我看，我帮你治治。"

信徒回答说："脾气这玩意怎么能拿得出来？我这会儿不生气，所以我没法给您拿出来。事实上，每当事情不顺心时，我的暴脾气就会跑出来。"

"这么说，你的暴躁就不是天生的了，它只会偶尔出现，如果在那个时候，你能克制自己，不使它发生的话，哪里会有什么暴躁呢？而且，你将自己的暴躁脾气，推说是父母生的，这是陷父母于不义。"那个信徒被说得哑口无言。

不要用"天生"来做借口。善战者不怒，克制自己才是关键。都说江山易改，本性难移，其实任何人只要用心，所谓的天生的恶习和不好的脾气都能被控制住。

处世为人一定要学会制怒，也即不生气。"匹夫之怒，以头

抢地尔"，人世间的很多傻事、很多惨剧都是因为一怒造成的：因为一怒，说了不该说的话；因为一怒，做了不该做的事；因为一怒，得罪了不该得罪的人；也因为一怒，让很多原本很有希望的人自毁前程、追悔莫及。如果你的暴脾气也是间歇性的，为什么不试试盘圭禅师的对策呢？

一个人性格的形成是由多种因素造成的，随着年龄的增长，人与外部世界的联系会越来越多，后天的生活环境对人的影响也越来越大，性格就在这样的各种影响中慢慢形成了。暴躁脾气也是这样，没有人生下来就注定要以暴躁的脾气行走于世间，暴躁脾气都是在后来的生活中浸染恶习后潜移默化地形成的。

脾气暴躁的人一般没有傲人的资本，虚荣心过强。但是由于自己没有强势的人生，值得虚荣的东西很少，结果让自己变得特别敏感。一旦别人冒犯了他，触及了他的软肋，伤及了他的面子，就大动肝火，发起脾气来。脾气暴躁的人心胸也特别狭窄，凡事都斤斤计较，争论不休。别人稍微触犯了他，就摆出一副大动干戈的架势。

既然暴躁脾气不是先天的，是我们在后天浸染的恶习一步步演化形成的，因此暴躁脾气是可以改掉的。

首先，要对暴躁脾气的危害性有足够的认识。在生活中我们常常看到，有些人因为一些不足挂齿的小事而发怒，做出不该做的事，引起恶性斗殴，甚至导致人命案子的发生，最后锒铛入狱，后悔不已。所以暴躁脾气并不能使问题得到解决，反而会增加新的矛盾。其次，我们还要增强理智感，学会克制自己的怒气，一旦发觉自己出现了冲动的征兆，及时克制，加强

自制。另外,当我们不能释怀自己的怒气时,可以有意识地转移话题或做点儿别的事情来分散自己的注意力,比如做点激烈的运动,让自己在喘气中释放心中的激怒。

通过这些方法,把暴躁脾气拒之门外,让自己渐渐地归复平静,回到正常的生活中去。

宽恕别人的错误

盘圭禅师门下有一个弟子从小有偷盗的恶习，禅师虽屡次教诲，但他积习难改。有一次，他在行窃一位同门时当场被抓，那位同门倒没说什么，但其他弟子却要求禅师立即把此人逐出禅院，但盘圭没有理会。

不久，那个弟子恶习难改，再次偷窃又被当场抓获，众徒弟再度请求盘圭惩治他，哪知盘圭依然不予发落。众徒弟非常不满，联合起来写了一纸陈情书，表示若不将窃贼逐出，他们就集体离开。

盘圭神师读完陈情书，把弟子们全部招来，对他们说："你们都是明智的人，知道什么是对什么是不对，只要你们高兴，到什么地方去都可以。但是他(行窃的弟子)甚至连是非都还分不清，如果我不教他，谁来教他？我要把他留在这里，即使你们全部离开。"

一刹那，偷窃者热泪盈眶。从此，他不仅再也没有偷窃过，而且认真修道，成了禅门的栋梁。他就是后来的八方禅师。

都说"浪子回头金不换"，从一定程度上来讲，浪子其实往往都是才子，只因不善把持自己，才误入歧途。为什么回头的浪子那么少呢？其中有他们的原因，也有社会的原因。其实，这

个世界上根本就没有什么歧途不可以回头，也没有什么错误不可以改正。怕就怕冰冷的、不肯宽恕的心。

一个不肯宽恕别人错误的人，就是不给自己留余地，因为每个人都有犯错误而需要别人原谅的时候。得饶人处且饶人，是我们应该奉行的准则。我们在宽恕别人的同时也会让自己的人格得到了升华。有位作家说过："当一只脚踏在紫罗兰的花瓣上时，它却将香味留在了那只脚上。"当你选择宽恕别人的错误时，你的心灵便获得了自由，获得了解放，因为你释怀了心中的仇恨，而仇恨只会让你的心灵生活在黑暗中，见不到阳光。

宽容别人的错误，有时既体现了你的人文情怀，也给对方送去了温暖。很多人犯错误只是一时糊涂，事后也懊悔不已，一心想弥补自己的过错。如果此时我们以宽恕的大度情怀容纳他的错误，给他一个改过自新的机会，于他而言是一种安慰，对自己来说，则是一种解脱。很多人因为无法宽恕别人的错误，导致心结萦绕胸间，从而感染心病。时时怀有一颗宽恕的心，就会拆毁许多疾病的温床。

有一位智者走在街上，听见有人在他背后品头论足，指指点点，但他没有回头去找他们理论，而是依然顾自前行。这告诉我们，一个人若是宽宏大量，什么都想得开，包括别人对自己的伤害，那么这个人就一定是无事一身轻。心里没包袱，生活、工作都会很快乐，幸福也会随时来到你身边。

宽宏大量，宽以待人，是一种君子之风。对待别人的错误，以宽恕的情怀谅解，给别人一个改错的机会，也给自己一片更广阔的天空。

一个不肯宽恕别人错误的人，就是不给自己留余地，因为每个人都有犯错误而需要别人原谅的时候。得饶人处且饶人，是我们应该奉行的准则。我们在宽恕别人的同时也会让自己的人格得到了升华。有位作家说过："当一只脚踏在紫罗兰的花瓣上时，它却将香味留在了那只脚上。"当你选择宽恕别人的错误时，你的心灵便获得了自由，获得了解放，因为你释怀了心中的仇恨，而仇恨只会让你的心灵生活在黑暗中，见不到阳光。

　　宽容别人的错误，有时既体现了你的人文情怀，也给对方送去了温暖。很多人犯错误只是一时糊涂，事后也懊悔不已，一心想弥补自己的过错。如果此时我们以宽恕的大度情怀容纳他的错误，给他一个改过自新的机会，于他而言是一种安慰，对自己来说，则是一种解脱。很多人因为无法宽恕别人的错误，导致心结萦绕胸间，从而感染心病。时时怀有一颗宽恕的心，就会拆毁许多疾病的温床。

　　有一位智者走在街上，听见有人在他背后品头论足，指指点点，但他没有回头去找他们理论，而是依然顾自前行。这告诉我们，一个人若是宽宏大量，什么都想得开，包括别人对自己的伤害，那么这个人就一定是无事一身轻。心里没包袱，生活、工作都会很快乐，幸福也会随时来到你的身边。

　　宽宏大量，宽以待人，是一种君子之风。对待别人的错误，以宽恕的情怀谅解，给别人一个改错的机会，也给自己一片更广阔的天空。

第五章 放下忧愁，一切都是浮云

身外之物,不算自己的

有一次,净空禅师去香港讲经时,认识了一位富翁级别的居士。居士有很多金银珠宝,这天,他非要拉着禅师去见识见识那些珠宝,禅师不好回绝,就跟他去了。

于是居士把禅师领到了银行,因为他的珠宝都放在银行的保险柜里。

经过层层鉴别,再由守卫护送到保险库,禅师总算见到了那些价值不菲的金银珠宝。但他只看了一眼,就淡淡地问:"这是你的?就这么一点点吗?"

居士听了这话心里很不痛快。这么多的财产,禅师竟然说它不是我的?

疑惑间,禅师说:"这些珠宝你不敢拿回家,拿回家怕小偷;也不敢戴在手上,怕人抢劫。只好放在银行保险柜里,一个星期去打开看一下。怎么能算是自己的?如果这样算是自己的,那香港所有银楼都是我的。为什么?我到那里,叫人拿出来给我看看、摸摸,收起来,给我保管好。这有什么两样?"

身外之物,怎么能算是自己的?就说钱吧,刚刚还在手里,一下子就到了别人手中,这到底算谁的?当然在现实生活中,钱财必不可缺,不过世俗的众生仍然有必要看开一点,不仅要

看开，还要用开。就像故事中的那位居士，他的信仰还处于低级阶段，至少他还没有把财富拿出来去行善，而是放在自己手中供奉，可谓货真价实的守财奴也。与其把珠宝藏在家中犹如烂石，不如让它照亮众生。

我们每个人活着都有自己的追求，有追求才会有动力。纵观茫茫人海，凡是热衷于身外之物的人，大多沉浮不定，拖得身心疲惫，即便最后腰缠万贯，名利双收，但是却找不到心灵安放的寓所，因为他的这一生都被身外之物所奴役，从来没有真正让劳累不堪的心消停下来去体味生活的真谛。相反，凡是追求"身内之物"的人，一定是懂得生活的人，他们时时刻刻关注的是自己的内心，在平静的岁月中让品格和灵魂得以升华，不让物欲成为扰乱他们生活节奏的障碍。

然而，在这个物欲横流的社会，追求金钱和名利的人可谓趋之若鹜。其实，一个人即便拥有再多的金钱，存在银行里只不过是一个数字而已，生不带来死不带走。如果因为囊中背载了太多的金钱而形成无形的累赘，扰乱了生活的节奏，就得不偿失了。如今，官位作为通行的价值尺度，在人们浮躁的心中也产生着严重的影响。职位作为人生价值实现的平台虽然要紧，但很多人却为了所谓高人一等的名利，不是通过正当的实力较量来谋位，而是相互倾轧，相互算计，致使各种惨状到处逢生。

名利金钱作为"脸"的标志，人皆有脸，不讲究是不可能的。但是金钱名利是身外之物，过度追求，只会让自己的心被无偿地奴役，甚至不自觉地走上旁门邪道，葬送自己的前程。人生短暂，最应该追求的还是"身内之物"，让自己拥有一颗荣辱不惊、虔诚善良的心才无愧于在这个世界上走一遭。

当你松开双手，世界都在你手中

　　一位信徒礼佛完毕，请求默仙禅师道："我的妻子太小气，舍命不舍财，你能不能到我家去，启发她行些善事呢？"

　　禅师答应了，当天就去了信徒家里。

　　信徒的妻子表现得非常热情，但她连一杯茶水也舍不得端出来供奉，禅师就握着一个拳头说道："女施主，你看我的手，天天都是这样，你觉得如何？"

　　信徒的妻子不明所以，说："大师的手天天这个样子，这是有毛病，畸形啊！"

　　"对，这样子是畸形！"禅师说完，立即变拳为掌，再问，"假如天天这样子呢？"

　　"这样子也是畸形！"

　　"女施主！不错，这都是畸形，钱只知道贪取，不知道布施，是畸形。钱只知道花用，不知道储蓄，也是畸形。钱要流通，要能进能出，要量入为出，才正常啊。"

　　信徒的妻子了然于胸，当下脸一红，低下头去。

　　贪欲恰如一只攥紧拳头的手，既违背了求财的本意，也违背了求财的规律。电影台词说得好："当你紧握双手，里面什么都没有；当你松开双手，世界都在你手中。"不播种，怎会有收成？布施是最伟大的播种，懂得付出、愿意付出的人，收获的又

岂止是财富？

　　俗话说得好，舍得舍得，有舍才有得。我们从生活经验中也可以得知，捏一把细沙在手里，捏得越紧，细沙漏得越快。我们之所以捏紧沙子，是因为我们想拥有更多的沙子，不愿意它浪费掉，可是事实并非如此。如果我们稍微把手放松一些，漏掉的沙子反而会相对减少。

　　我们在生活中也是这样，如果太过吝啬，反而会误事。比如，有人生病后，因为吝啬而不愿意看医生，认为好好休息就可以不治而愈，所以一拖再拖，结果致使病情越来越严重，花去了更多的钱。

　　更多的时候，我们需要松开双手，学会资源共享。别人有困难，主动前去接济。人都有感恩的心理，你今天帮助了人家，人家感恩在心，明天你落难后，他自然会扶助你。以此作为生活的准则，长此以往，你帮助过的人越多，将来搭救你的人也就越来越多，这样你就掌握了广阔的资源，世界也就在你的手中了。好比，你有五个苹果，把四个分享给别人，将来别人以香蕉、橘子、梨子、葡萄来回报你，这样你还是吃到了五个果子，而且还是不同味道的。换句话说就是，你的不惜吝啬的松手，结果换来了更多优越的资源。

　　上帝给我们一双手，十根手指，我们在知道怎样握紧的同时，还应该学会什么时候松开，只有懂得松开手的人才更懂得怎样利用资源，才能更好地掌握全世界。

人生无非是笑笑别人，被别人笑笑

唐代的寒山和尚曾作过一首名为《东家一老婆》的诗偈：

东家一老婆，

富来三五年。

昔日贫于我，

今笑我无钱。

渠笑我在后，

我笑渠在前。

相笑傥不止，

东边复西边。

这首类似顺口溜的诗偈寓意颇深。寒山禅师以生活中一种常见的社会现象为出发点，提出了令人深思的严肃问题：过去我看不起的穷人，富了之后反笑我寒酸。我笑她在前，她笑我在后，这样不停地相互讥笑下去，笑与被笑的位置不断更换，我们都会陷入无穷的悲喜轮回中，永无超脱之日。

世人怎样从荣辱得失、贫富变化的喜与悲中解脱呢？诗人做了暗示：相笑傥不止，东边复西边——如果相笑停止，倘若人人都对别人的讥笑、错误不产生报复心理，既不因贫贱羡慕人，也不以富贵骄人，真正持众生平等的态度；再进一步，打破名利心，超脱于世俗的价值、祸福之外，唯求自心清静，对世人的赞扬与批评、憎与爱均不动心，这样就不会再陷入"东边复西边"的烦恼中了。

西方有句谚语："舞剑的人总死在剑下。"人世间有因果报应，你笑话别人，总有一天也会遭来别人的笑话。人生本来就沉浮不定，谁也难保辉煌终生，胜败乃兵家常事，如果今天你因为自己胜利了而笑话那些处于失意中的人，那么一旦你步入低谷，那些曾经被你笑话过的人也会向你投来笑话的眼光。

一个人身临困境时，心里面已经够痛苦了，倘若再被别人笑话，无疑会痛上加痛。然而笑话别人的人常常忽略这一点，把自己的快乐建立在别人的痛苦之上，丝毫不顾虑别人的感受。

人在失败的时候，最需要的是别人的安慰与鼓励。如果此时我们能够站在对方的立场考虑其感受，就不会去笑话别人了，而会主动送上一份问候。人在失败的时候内心通常很脆弱，如果能够得到我们问候，因失败而凉透的心会备感温暖。投之以李，报之以桃，当我们失意的时候，他们也会毫不犹豫地送来温暖，而不是讥笑你了。

有这样一对竞争选手，一个胜利以后就会笑话对方，并投来鄙夷的眼光。结果有一局自己惨败了，就开始担心对方会笑话自己，心里承受着巨大的压力，导致在后面的比赛中失误连连。这就是因笑话别人而最终害了自己。

做人还需仁厚、豁达、善良一些，不要随意笑话任何一个人。当你笑话别人的时候，得先想想如果对方是你，你会是有怎样的心情？善待别人就是善待自己。人与人之间相互关爱，相互扶助，才会有共同进步。

正视自己的欲望，既不压制，也不任由

传说明太祖朱元璋建国后，赐给了五台山金碧寺方丈金碧峰一个既漂亮又珍贵的紫金钵盂。饶是金碧峰修为深厚，定力非凡，也不由得对紫金钵起了贪爱之念。

转眼到了万历年间，时年二百来岁的金碧峰阳寿将尽，阎王便派黑白无常前来索命，但金碧峰正在入定，任他们东寻西找，就是找不到金碧峰的魂魄！

黑白无常想来想去，就去找"土地"帮忙，"土地"无奈地说："我看你们是白来了，金碧峰入定时，上仙都都找不到他的踪迹，我这个仙界末流又怎么帮得上你们？"

黑白无常没法回去交差，于是苦苦哀求"土地"为他们出个主意。"土地"想想说："有了，金碧峰什么都不爱，就爱他的紫金钵，如果你们想办法找到他的紫金钵，轻轻敲上一敲，他自然会出定。"

黑白无常欢天喜地地东找西找，终于找到了紫金钵，轻轻地敲了一下。紫金钵一响，果然，金碧峰出定了！他说："是谁在碰我的紫金钵！"

黑白无常说："你的紫金钵很快就要属于别人了——你的阳寿尽了，现在请到阎王那儿报到。"金碧峰心想，自己修行一生，还是不能摆脱生死，都是这个紫金钵害的！想到这儿，他就骗黑白无常说："我想请一炷香的假，把寺里的事处理一下，完事后我立即跟你们走。"

　　黑白无常说："好吧！念你修行不易，就多给你一炷香。"

　　突然，金碧峰把紫金钵抓在手上，往地上一摔，登时粉碎。然后他双腿一盘，又入定去了。这一回，黑白无常找来找去，只找到了一首题在墙上的诗偈：

　　若要抓我金碧峰，

　　除非铁链锁虚空；

　　若能锁得虚空住，

　　再来抓我金碧峰。

　　紫金钵再好，死了也是别人的！我们自然不可固执其中，这个故事对我们不乏借鉴意义，那就是放下执着，对事、对物、对钱、对人，都不能执着，因为执着在一定程度上也就意味着执迷。当然，人不可能不动念，我们也应该正视人类的欲望，既不压制它，也不随它跑，如此不生爱憎、随机取舍，方能感悟到逍遥人生。

　　人类在物质世界和精神世界里存活，理所会有需求，有需求就会有欲望。欲望是很正常的心理反应。

　　"欲望"这个词听起来好像与我们文明人不相协调，似乎不及"愿望"二字的文雅。但是"欲望"二字更能体现人们内心的真实需求，既然是真实，我们就不应该回避。如果一味地排斥欲望，压迫欲望，无疑会泯灭人们的积极性，扼杀人们前进的动力，这样会让人们的思想慢慢地变得懒惰，不思进取。个人价值会因此而不能实现，失去个人存在的意义。而适当的欲

望则会激发人们的活力,鞭策人们锐意进取,帮助人们培养不甘落后的意识。

然而,适当的欲望与过度的欲望之间并没有明确的界限。欲望是会膨胀的气球,膨胀得变形后,就会反过来侵害人们的灵魂。我们的身边就不缺乏被过度膨胀的欲望残害得面目全非的例子。有个人去赌博,第一次赢了,很高兴,第二次又去赌,也收获不少,从此他的欲望之火就被点燃了,认为这比工作赚钱划算得多,而且还能体验无比的刺激。于是天天沉溺其中,甚至不分日夜,最终输掉了全部家产,还欠了一屁股债。但是他依旧沉湎在希望赢钱的欲望中而无法自拔,又苦于没有本钱,最终走上了偷盗的违法犯罪道路。

欲望本身没有好与坏,只是需要人们去正视它。千万不要处心积虑地压制欲望,也不要任由欲望在心中肆虐。要让欲望成为我们前进道路上的动力,牵引我们走得更高更远。

欲多则心散，心散则志衰

有一天，佛陀对波斯匿王说："大王！我今天要为您说一个简单的比喻，您要注意听，听完后认真想想！"

波斯匿王点头答应。

佛陀说："在过去无量劫时，有一个人在旷野上游玩，突然来了一只凶恶的大象，狂暴地追逐他，他非常害怕，想逃跑却没有地方躲避，他左看右看，发现前面不远处有一个空井，旁边有棵大树，于是他就攀着树根下到井中。下到一半时，他又发现有黑白两只老鼠，正在一起啃啮树根；井的四边有四条毒蛇，一个个吐着信子要咬这个人；再看井底，还有条毒龙。这个人心里畏惧龙、蛇，又恐怕树根断了。这时树上突然滴下五滴蜂蜜，他赶紧用嘴去接，没想到动作太大，晃动了树身，惊动了树上的蜜蜂，一时间群蜂出动，对着这个人乱蜇。这还不算，不一会儿，地上突然又燃起野火来，开始焚烧这棵树。"

波斯匿王长叹一声，说："唉，这个人为什么要为那么少的一点儿好处(五滴蜂蜜)去受无量的苦报呢？"

佛陀说："这个比喻中的旷野其实就是凡人的生死之路，空旷遥远。说的那个人，是比喻受种种业报的凡夫。大象，比喻一切都没有常住。井，比喻生死。树根，比喻生命。黑白二鼠，比喻黑夜和白天。它们啃啮树根，比喻思想念念不停生灭。那四条毒蛇，比喻四大(即地、水、火、风。佛

教认为身体是由四大和合而成)。五滴蜂蜜,比喻财、色、食、名、睡五欲(泛指贪欲)。蜜蜂,比喻邪见邪思。野火,比喻衰老和疾病。毒龙,比喻死亡。大王啊!您应该明白,生老病死极其恐怖,您应该经常思考,保持警觉,切不可被五欲吞噬和逼迫!"

欲望是让人不自由的主要因素所在,因为欲多则心散,心散则志衰,志衰则思不达。

很多人不解:贪官们要那么多的钱干什么?十辈子都花不完!其实贪官贪财,并不一定都是以享用为目的,他们只是不能克制心中的贪欲而已。

我们也往往如此,只是与贪官不在一个重量级而已。君不见无数原本快乐的人,一旦被名枷利锁束缚,就永远在烦恼是非中团团打转,一刻也不得自在、清净。但愿大家都能清醒地追求,放下世间的五欲六尘,超越名缰利锁的桎梏。

渴望物质上的富足,追求事业上的成功,谋求仕途上的发展,争取人生中的精彩,这都是正当的欲望,人也正是在追求实现这些欲望的过程中不断完善自我,提升自我的。但是"欲"超过了度,就会成为生命的负累,心思变得涣散,让人失去理智,也会使人堕落,丧失天性,走上万劫不复的道路。

过多的欲望就像追求美丽的鲜花,容易被芬芳所迷醉,却不知道芬芳背后隐藏着毒刺;就像丛林中的陷阱,容易被假象所迷惑,一旦陷入则脱身难逃。欲望泛滥的背后就是魔鬼,一旦失控,就会被魔鬼引向邪恶。

　　威震欧亚非三大陆的罗马人凯撒大帝，临终前告诉侍者说："请把我的双手放在棺材外面，让世人看看，伟大如我恺撒者，死后也是两手空空。"正如恺撒所言，人两手空空来到这个世界，又两手空空与这个世界告别。不管是腰缠万贯的达官贵人，还是为生计辛苦奔波一生的凡夫俗子，谁也逃脱不了这一自然规律。所以，人生在世，何必让欲望成为自己心中的恶魔，被其任意控制，失去生活的真谛。

　　欲望可以有，但是绝不能成为生活的累赘，不为权所欲，不为财所惑，不为贫所移，不要让自己成为名利欲望的奴隶，这样会活得很累。灯红酒绿前，不要让自己的行动支配思维，而对多彩的生活，始终保持一颗寡欲之心，保持一颗平静之心，踏踏实实地做人比什么都重要，走得踏实，活得实在，才会真正做自己的主人。

如何才能不烦恼不忧愁

有一天，唐肃宗问南阳慧忠禅师："朕如何才能得到佛法？"

慧忠答："佛在自己心中，他人无法给予！陛下看见殿外空中的云彩了吗？能否让侍卫把它摘下来放在大殿里？"

"当然不能！"

慧忠又说："世人痴心向佛，但有的人是为了让佛祖保佑他取得功名，有的人是为了求取财富，求取福寿，还有的人是为了摆脱心灵的责问，真正为佛而求佛的人能有几个？"

"怎样才能有佛的化身？"

"切不可有这样的想法！不要把生命浪费在这种无意义的事情上，几十年的醉生梦死，到头来不过是腐尸与白骸而已，何苦呢？"

"哦！如何能不烦恼不忧愁？"

"您踩着佛的头顶走过去吧！"

"这是什么意思？"

"不烦恼的人，看自己很清楚，即使修成了佛身，也绝对不会自认是清净佛身。只有烦恼的人才整日想摆脱烦恼。修行的过程是心地清明的过程，别人无法替代。放弃自身的欲望，放弃一切想得到的东西，其实你得到的将是整个世界！"

"可是得到整个世界又能怎么样?依然不能成佛!"

"你为什么非得要成佛呢?"

"因为我想拥有像佛那样至高无上的力量。"

"贵为皇帝,难道还不够吗?人的欲望总是难以得到满足,怎么能成佛呢?"

欲望之心总是难以满足,永远没有止境! 即使是皇帝,也有种种欲望。许多大权在握的人,并不因为手中有权而幸福,他们的顾虑甚至更多,此所谓"穿鞋的不如光脚的",因为他们患得患失,计较太多,放不下的东西太多,一门心思去争利益,而没有精力洗心行善,心又怎么可能安静下来?

人世间的烦恼大多来自太过追求完美,然而根本不存在完美的东西,所以很多人都在追求完美的欲望中自寻烦恼。所谓"穿鞋的不如光脚的"正是这个道理,穿鞋的人会考虑鞋的颜色与衣服是否搭配,担心鞋的样式是否流行等等诸多问题,再考虑这些问题的过程中,各种烦恼和忧愁便应运而生了。

一次,几位分别多年的同学相约去拜访大学的老师。在老师的家里,大家忍不住发起牢骚,纷纷诉说着生活的不如意:工作压力大呀,生活烦恼多呀,做生意商战失利呀,当官的仕途受阻呀等等。

老师笑而不语,从厨房拿出一大堆杯子,摆在茶几上,让大家倒水喝。这些杯子各式各样,有瓷的,有玻璃的,有塑料的,有的看起来豪华而高贵,有的则显得普通而简陋。

大家正说得口干舌燥,便纷纷拿了自己看中的杯子倒水

喝。等每个人手里都端了一杯水时,老师指着茶几上剩下的杯子,说:"你们有没有发现,你们手里的杯子都是最好看最别致的,而这些样子普通的塑料杯就没有人选中。"大家一看果然是这样。

老师接着说:"这就是你们烦恼的根源。大家需要的是水,而非杯子,但我们有意无意地会去选择漂亮的杯子。如果生活是水的话,那么,工作、金钱、地位这些东西就是杯子,它们只是我们盛起生活之水的工具。杯子的好坏,并不影响水的质量。如果将心思花在杯子上,大家哪有心情去品尝水的甘甜。这不正是自寻烦恼吗?"

我们追求完美并没有错,但是事情的实质才最重要。如果我们做任何事情都注重实质,放弃追求表面的完美,那么我们会发现平时的烦恼和忧愁都消失不见了,慢慢地也体会到了生活的真谛。

如何看待金钱

古印度有一个名叫难陀的国王，他非常贪心，每时每刻都在拼命地聚敛金银财宝，准备留到自己后世享用。

难陀有一个美若天仙的女儿，她的相貌可以迷倒世上任何男人。为聚敛更多的财富，国王颁下一道圣旨："谁贡献的财宝最多，就把公主许配给他。"

一时间，天下男人趋之若鹜，争先恐后地把财宝献给国王。到最后，国王居然用这个方法搜刮到了所有的财富。这时，他却把脸一翻，声称自己并未下旨，找了一个替罪羊杀掉了事。

人们为此懊恼不已，但是更懊恼的事情还在后头——不久，国王带着公主，亲自在城楼上宣布："谁能贡献自己的财富，就把公主嫁给他。"原来，国王并不相信自己已经拥有了所有财富。

公主实在太迷人了，但人们已经倾尽所有，如今也只能暗骂自己当初太傻。其中有一个年轻人，他非常爱慕公主，但苦于身无分文，无法遂愿。时间一长，居然相思成病，日渐憔悴。

他的母亲是个寡妇，她非常疼爱这个唯一的儿子。寡妇焦急地问他："可怜的孩子，你得了什么病？居然病成这样？"

儿子说："我爱慕公主，可是不能和她交往，必死

无疑。"

"但是所有的财宝都进了国王的仓库，我们到哪里去弄钱呢？"

儿子听了更加绝望。

"我想起来了！"忽然，寡妇看到丈夫的遗物，心有所动，说："我记得你父亲死的时候，我给他的嘴里含了一枚金钱，你如果非要娶公主的话，就去把坟墓挖开，把那枚钱交给国王吧。"

儿子果然找到了那枚金钱。他来到皇宫，把钱交给了国王。国王问他："所有的金钱宝物都进了我的金库，难道你发现了地下的窖藏？"

儿子说："我没有发现什么地下窖藏。我母亲告诉我，先父死时，曾经在他口中放了一枚金钱。我就去挖开坟墓，拿到了这枚钱。"

"什么？你是说这是死人的钱！"国王大吃一惊，不禁感慨地说道："我收敛了那么多的宝物，想把它们带到后世享用。可你的父亲却连一枚金钱也带不走，而且还是他的儿子亲自扒开了他的坟墓，从他的遗骨中抠中了这枚钱，我要这些珍宝又有什么用呢？"

不久，醒悟的国王把财宝分发给臣民们，一心教化民众，他的国家因此逐渐兴盛。

———

钱，生不带来，死不带走，但身在人世间，大家却都在追逐它。

物质社会非常现实，一个人没有钱就无法生存，但钱绝不是人生的唯一。哲学家说："人活着，不过是为了更好地活着。"不过大部分人，终其一生都在为金钱打拼，用健康、用快乐、用亲情，用一切代价去赚取永远无法赚完的金钱，甚至为之迷失，被它葬送。小沈阳说："人生最大的悲哀，莫过于人死了，钱没花完。"希望你的人生一点儿都不悲哀。

钱是一面镜子，可以映出人间万象，也是一架天平，能称出人的分量。金钱本身没有好与坏，关键在于人们心中的金钱观正确与否。

金钱不是万能的，但没钱万万不能。很多人就因此而陷入了错误的金钱观的牢笼，终身对金钱孜孜以求，认为金钱可以买到锦衣美食、香车豪宅，以及一切有形有价的物品，甚至是无形的权力、荣誉。基于此，人的价值观严重畸形，丑的变成美的，错的变成对的，卑贱的变成尊贵的。金钱的万恶之源就在于此，例如乾隆身边的和珅，对金钱财宝的崇拜致使他凭借权势，处心积虑地贪取财富，最终以遗臭万年的悲剧收场。

我们对金钱的获取要通过正当的途径，所谓"君子爱财，取之有道"正是这个道理。如果以牺牲他人或是国家的利益聚敛财富，无疑会亲手把自己送入万恶的深渊。我们应该成为驾驭金钱的主人，而不能成为被金钱恣意摆布的奴隶。

人活在世界上，凡事都要看淡点，包括金钱在内，不能凡事都以钱看齐，否则只会让自己越活越累。其实，人应该有更高的追求，追求精神的享受，追求品格的卓越。爱因斯坦成名以后，面对优厚的待遇，他从未被金钱羁绊过，并留下了一句

可以惊醒世人的话："依我看，每件多余的财物都是自己的绊脚石，只有简单地生活，才能给我创造的原动力。"

　　不管贫穷还是富裕，我们都不能让金钱成为我们生活中的负担。人生本来就短暂，如果把自己的一生都束缚在金钱上，就失去了生活应有的意义。生活是五彩斑斓、多姿多彩的，不能因为金钱的问题而让生活失去了颜色。

人为财死，鸟为食亡

一天，佛陀与弟子阿难在舍卫国的郊外漫步。正走着，佛陀忽然停步说："阿难，你看前面的田埂上，那块小丘下面，藏着可怕的毒蛇！"

阿难顺着佛陀所说的方向望去，看了之后也说："嗯，果然有条可怕的大毒蛇。"

这时附近有两个农夫正在耕田，听到佛陀和阿难的对话，便好奇地走过去探看，结果在那块小丘似的土包下发现了一坛黄金。

一个农夫高兴地说："这两个傻瓜！居然把黄金说成是毒蛇，真是天大的傻瓜！"

另一个农夫说："可不是吗，这么好的事他居然说得那么可怕。"然后他们商量怎么把这些黄金拿回去。一个说："白天拿回去不太安全，还是晚上拿回去好一些，我留在这里看着，你去拿些饭菜来，我们在这里吃完饭，然后等天黑再把黄金拿回家。"

另一个农夫想想也是，于是赶紧往家走，准备饭菜去了。

留下来的那个心想："你也是个蠢人！我怎么会和你平分这些黄金呢？等你再回来的时候，我就用木棒……"

回去拿饭的农夫也在想："我回去先吃饱饭，然后给他的饭里下上毒药，他们一死，黄金就全是我的了。"

很快，那个回去拿饭的农夫带着香喷喷的毒饭回来了。但他刚到那里，另一个农夫从背后狠狠地打了他一棒，然后说："亲爱的朋友，是黄金逼迫我这样做的。现在，我该吃饭了，我知道你的手艺一向很好。"

饭刚吃了几口，他感到腹痛如铰，几分钟后便一命呜呼！临死前，他说："那两个僧人说的没错，那的确是条毒蛇啊！不，它实在比毒蛇更可怕啊！"

人为财死，鸟为食亡！但黄金没有罪过，用它来救济困难者，就是好事，用它来干坏事，才是帮凶。还是那句话，心一旦邪恶，比什么都可怕。世界上能够处理好金钱关系的人很少，在于人们总是低估自己心底的物欲，往往在最后一刻才幡然醒悟——金钱不过是身外之物，生命、情感、品德，都比金钱更宝贵。

鸟为食亡，并不是鸟为了争抢食物而自相残杀身亡，鸟还没有进化到能够动手动脚相互厮杀的程度。鸟之所以为食而亡，主要是鸟抵制诱惑的能力比较低，哪里有食物，哪里就有它们停歇的身影。鉴于此，涉猎者就为捕鸟而撒下食物，而那些禁不住诱惑的鸟就主动前去断送了自己的性命。

人为财死，也是这样。那些将金钱利益看得高于一切的人，面对花花世界的诱惑，无法自控，一心为了满足私欲私心，不顾一切地坑蒙拐骗投机取巧，甚至偷抢违法乱纪，以至上当受骗，或者坐牢，甚至搭上身家性命。

花花世界，滚滚红尘，处处充满了诱惑和陷阱，以至防不胜防。钓鱼若没有鱼饵，鱼怎么可能上钩；鸟若不贪图网罗中的那点食物，怎么可能成为囊中之物；人若不是贪图眼前的小恩小惠小利也就不会上当受骗，也就不会拦路抢劫，也就不必坐牢，不必葬送性命。

在现实生活中，我们常常可以听到某某商家禁不住高额利润的诱惑，掺假售假，最终走向了毁灭的道路。非法钱财就是美化过的陷阱，具有非常大的诱惑力。人的身体才是本钱，如果人一味地看重财利，却为此而赔上自己的性命，无疑是一种最愚蠢的行径。当我们面临钱财的巨大诱惑时，要保持清醒的头脑，提高警惕，别让自己像鸟一样，为了食物葬送了宝贵的性命。

少一分名利之欲,就多一分清净之心

唐朝的沩山禅师佛法精湛,金银财宝、亲戚朋友及一切五欲,他都能置之度外。时间久了,人人皆知,就有很多人上山供养、亲近他,以求福慧。

事情传到当时的丞相裴休耳中,他也上山拜谒,只见沩山禅师连个寺院也没有,只有一所依山搭建的简陋茅棚,也没有床,只有蒲团一个。老禅师每天坐在蒲团上,人来他也不动,人走他也不管,既不迎宾,也不送客。

裴休心说:这位老禅师连个庙也没有,不如我布施些,供养他盖个庙吧!于是命随从拿出三百两银子。沩山既不接受,也不拒绝。

把银子放在哪里呢?沩山连个桌子都没有。裴休见茅棚中有一堆草,就命随从把银子放在草堆中而去。

事隔三年,裴休料想禅师的庙宇大概建好了,于是再次登山。但到了那里,发现还是破茅棚一间。裴休心想:"我给他钱,他不造庙,还是一副贫苦相,不知他把钱用到哪里去了?"于是便问:"禅师!我给你的造庙的银子,你放在什么地方了啊?"

沩山头也不抬,说:"你从前放在什么地方,就到什么地方去找。"

裴休走到草堆边,一看三百两银子居然原封不动,还放在那里!裴休又想:"真是懒得要命,给他钱他也不会用。为什么愈修愈愚痴呢？"

　　沩山看透了他的心思，淡淡地说："你既然以为我不会用钱，还是拿回去做别的事好了，我根本不想造有形象的庙。"

——————

　　看淡功名，看轻富贵，非大智大勇者不能做到。俗话说："红尘多悲喜，世事皆喧嚣。"在这个纷繁芜杂、物欲横流的世界，人心也异常浮躁与焦灼，名利得失终日萦绕心头，让许多人惶惶不安，备受煎熬。"苦海无边，回头是岸"，要解脱人生的痛苦，获得心灵的安宁和精神的愉悦，就要学会淡泊，不为名利所累。少一分名利之欲，就多一分清净心。

　　对名利的渴望，是人之常情。但是当这种渴望变成一种无止境的贪婪时，我们就会在无形之中变成名利的奴隶。在这种欲望的支配下，我们不得不为了权力、为了地位、为了金钱而削尖了脑袋往里钻，这使我们常常感到身心疲惫，但是仍感觉不到满足。因为在我们看来，很多人比自己生活得更富足，很多人的权利比自己大，所以我们别无选择，只能硬着头皮往上冲，在无奈中透支体力、精力与生命。

　　我们闭眼冥思想想，这样的生活能不累吗？被沉甸甸的名利之欲压着，能不精疲力竭吗？长期生活在这种环境中，我们的身心能有舒坦的机会吗？其实名利只是身外之物，何必让它们拖累我们的身心，到处奔波劳累呢？人的精力本来就有限，全部耗费在这种生不带来死不带走的名利中，值得吗？

　　何不少一份名利之心，多留给自己一份清净！这样我们会

发现真实、平淡的生活也会带来快乐。拥有这种超然的心境，做起事来就会不慌不忙、不烦不乱，面对外界的各种变化不惊不惧、不温不怒，而对物质的引诱，心不动，手不痒。

居里夫人荣获诺贝尔奖之后，将一百多个荣誉称号统统辞掉了，甚至把英国皇家学颁发的金质奖章给自己的女儿玩耍。足以见得她对名利的淡薄态度，也正是在这种清净的环境中，他又第二次获得了诺贝尔奖。

没有了功名利禄的拖累，活得轻松，过得自在，白天知足常乐，夜里睡觉安宁。在这样的清净环境中我们才能体验生活的美好，享受生活带给我们的无限乐趣。

贪念是一杯咸水

从前有个牧民，从拥有99只羊的那一天起，他就眼巴巴地盼望着能再添上一只羊，好凑够100只。

一天深夜，他辗转反侧，忽然想到村后山上寺院里的养着一只羊，寺院里的禅师据说已经得道，我不如求他把那只羊施舍给我。于是他连夜动身，前去恳求禅师慈悲为怀，把那只羊送给自己。禅师正在打坐，听闻来意，淡淡地说："牵走吧！"

过了一年，牧民再次光临寺院。禅师见他愁眉苦脸，便问他为何如此心焦？

牧民苦笑一声，说："实不相瞒，您送我的那只母羊前两天下了5只小羊……"

禅师说："既如此，你应该高兴才是啊！"

牧民摇摇头说："的确，我已经拥有105只羊了，可我什么时候才能拥有200只羊呢？我听说您又养了几只羊，不如……"

禅师站起身来，给牧民端来一杯水，递到他手中，说："先喝点水，我们慢慢说。"

牧民喝了一口便大叫起来："这，这什么水啊？怎么这么咸？"

禅师开释他说："你给自己喝的一直都是咸水啊！"

牧民没法儿不思羊，因为家里的衣食住行和小牧民的学费，都出在羊身上。物价越来越高，家里羊太少的话，肯定睡不踏实。但这绝不代表他就有理。禅师也不容易，你自己喝咸水也就罢了，为什么要让大家陪着你一起喝呢？俗话说，越渴越吃盐，人必须得正视自己的现状。欲而有节，犹如清茶一杯，其味虽淡，却能滋润生命。而贪念则是一杯咸水，其味虽浓，却只会越喝越渴，即便给你一个太平洋，也无法消解那心头之渴。

咸水不能解渴，而且越喝越渴。贪念也一样，当被贪念驱使的时候，是永远不会感到满足的。

金钱带来的快感是暂时的，随着你拥有得越多，欲望也会愈加膨胀，这时候你的贪念会像一匹脱缰的野马，到处驰荡，无法控制。一旦欲望再次得到满足，会继续无休止地扩张贪念的野性。如此往复，在无止境的轮回中体验着贪念带来的高度兴奋与高度紧张，而不给已经备尝艰辛的大脑与心灵一个歇息的机会。

更可怕的是，一旦被贪念控制而失去理性的时候，则会造成无法想象的恶果。在澳大利亚，有一片肥美的草原，每当羊群发展到一定程度的时候，就会发生一种奇怪的现象：大批的羊争先恐后地跳下草原尽头的一片悬崖。

这些羊为什么要自寻死路呢？动物学家这样解释，蒙蔽她们双眼的正是草原上的青草。为了贪吃更多的青草，一只只羊都不甘落后，拼命地赶到羊群的最前头。于是，为了那一点口中之福，就出现了一只只羊你追我赶的壮观场面，即使自己身处悬崖的边缘，心中想到的、眼里看到的，仍然是那点青草。

　　葬送羊群性命的正是它们所贪念的那点青草。现实生活中也有不少这样的例子，我们应该引以为训，用理智的力量控制贪念的肆虐，给自己的心灵一片纯净的蓝天以自由飞翔。

美女也好，俊男也罢，都是一副臭皮囊

佛陀住世时，有个笃信佛法的名妓，她数年如一日，每天都供养八位僧人，很多僧人觉得她长得好心肠也好，因此都愿意去她家化缘。

这天，佛陀座下一个弟子去名妓家中化缘回来，滔滔不绝地向众僧描述名妓的美貌和善心。坐中有一位年轻的僧人，虽然从未见过名妓，但却由此爱上了她。

第二天，年轻的僧人便随几个僧人去名妓家中化缘。不巧的是，那个妓女生病了，但她慈悲心起，坚持在别人的搀扶下出来拜见众僧。年轻的僧人见了她更加倾心，因为病中的名妓显得更加楚楚动人。他马上产生了强烈的爱欲。

更不幸的是，当天晚上名妓就病死了。闻听她的死讯，年轻的僧人伤心不已。佛陀见了，便施佛法让国王派人把死讯告诉佛陀，佛陀又再请国王将她的尸体送到尸陀林，暂时保护起来，停尸三日。

印度地处热带，气候非常炎热，三天之后，名妓的尸体非但不再美丽，而且有苍蝇从她的九孔中飞进飞出。到了第四天，佛陀便带领众徒弟和国王大臣们前去观看尸体，当然也少不了那个年轻的僧人。

见到尸体，佛陀明知故问："国王，这个女人是谁？"

国王说："是大名鼎鼎的某某妓女啊。"

佛陀紧接着说:"噢! 国王,请您宣布,谁肯出一千两银子的话,就可以占有她。"

国王当即下令,但谁肯花那么多钱买一具尸体呢? 国王便配合佛陀,把价钱一再降低,最后减到一文钱,半文钱,四分之一文钱……照样没有人要。

最后,国王宣布:"谁要的话,免费抬走。"但大家仍然没有兴趣。

这时,佛陀对众人开示道:"你们看,她活着时,有人肯花一千两银子,只不过为了和她共度一个晚上;现在连免费赠送都没有人要。实际上,她原来的身体跟现在的身体只不过差了四天而已,此外根本没有本质上的差别。"

我们在这里讲述这个故事,绝不是让大家都断绝女色,否则人类岂不是要绝种? 我们只是奉劝某些人,不要打着所谓爱情的旗号滥情。看看现在我们的社会:偷吃禁果和未婚同居我们就不说了,毕竟人家是相爱的,可婚外情、包二奶、养小三、一夜情、嫖娼、玩弄男色、同性恋、意淫等等怎么说也不是光彩的事。奉劝大家,为了让我们的世界我们的家庭更健康,为了我们曾经相信的纯洁的爱情,每当心猿意马时,不妨想想:美女也好,俊男也罢,都是一副臭皮囊,一文不值!

古人把"七情六欲"总结为人的天性,所谓"食色性"则更是一种精辟的概括。但是这不能成为人们婚外情、包二奶、养小三、玩弄男色的理由,因为触犯道德底线的苟且偷情不仅是对自己人格的无情践踏,还是对婚姻的背叛与亵渎。

当新婚的激情变成油盐酱醋茶的琐碎生活时,滥情就容易肆虐,女人红杏出墙,男人觉得家花没有野花香,于是就在外面乱搞男女关系,丝毫不顾当年的海誓山盟。女人凭借花容月貌,玩弄男色,寻找刺激,体验激情;男人有钱有势,大胆越界,包二奶、养小三,不在话下。男人女人沉溺于婚外情中丧失自我,无法自拔,等待道德的审判;不小心走上不归路的,落入法律的虎口,自悔终生。

　　生活中就有这样一个例子,由于妻子在外面搞婚外情,丈夫发现了之后怒不可遏,一气之下结果了妻子的性命。这样惨不忍睹的惊悚事实告诉我们婚外情就是一头面目狰狞的野兽,可恶、可憎、可恨。

　　其实,说穿了,乱搞男女关是一群精神异常空虚的人的动物行径。具体表现为,水性杨花的女性看见俊男便耐不住心中寂寞了,爱拈花惹草的男性看见美女就垂涎若渴了。须不知,美女也好,俊男也罢,都不过是一幅臭皮囊,根本无法填补心中的那片空虚。

　　其实,当一个人有远大的追求和目标时,是不会在这方面堕落的。所以,我们还是应该自觉地抵制美女俊男的诱惑,为追寻心中的那片梦想竭尽全力。

第六章 留只眼睛看自己

跳出来的力量

　　盛唐时期，禅宗盛行，某些高僧说法时，听众每每达千人之众，比如百丈怀海禅师。

　　百丈在江西百丈山开堂说法时，听众中有一白发老翁，每天都来，每次都是最后离开。时间久了，引起了百丈禅师的注意。有一天，老人听完法后却没有像往常那样随众散去。

　　百丈便问他："前面站着的是什么人啊？"

　　老人回答："五百年前我曾住在此山中。当时有人问，悟道的人还落因果吗？我说不落因果，结果堕为野狐身。今天请和尚代说一句转语。"

　　百丈说："你请问吧！"

　　老人便问："悟道的人还落因果吗？"

　　百丈说："不昧因果。"

　　老人于是大悟，向禅师告辞说："我已经脱了野狐身。我的尸体就在山后，乞求禅师依亡僧之礼烧送。"

　　百丈答应了。次日，百丈带众僧到后山寻找亡僧，众人不解。结果他们在山后大石上找到一只已死的黑毛狐狸，百丈说这就是那老人，即按送亡僧之礼火化了他。老人以后就再也没有来过。

这个故事听起来比鬼故事还要离奇，但重要的不是故事本身，而是其中的道理。

人们在解决问题的过程中，一般都倾向于墨守成规，使用过去成功过的方法。不可否认，过去的成功经验是一笔宝贵的财富，但是每个问题都有其独特之处，况且事物又处在不断地变化发展之中，如果处理问题都套用过去的方法，不仅不能使问题得到解决，还有可能让自己陷入困难的漩涡而找不到方向。

在生活中，我们往往需要突破常规思维，另辟蹊径，摆脱习惯的束缚，最终才能找到解决问题的真正方法。在突破固定思维的过程中可能会遇到这样那样的困难，但是正是这个过程赋予了创新的意义，使原本棘手的问题得到了解决。

我们每个人都不同程度地被自己的习惯和惯性思维所左右。例如，很多人换了一家公司后总觉得难以适应，原因就在于他们总是将以前公司的那种文化和处理方式拿到新公司里来，在具体问题的处理上也很难做根本性的改变，结果到处碰壁。

我们之所以经常被惯性思维束缚，是因为我们不敢从中跳出来去尝试新的方法。我们做每一件事情，越富有创造性，承担的风险就会越大。因此，尝试新事物，运用新方法，关键是要有勇气承担比循规蹈矩更多的风险，但不容忽视的一点是，在很多事情上，如果不能打破这种思维定式，反而会使我们陷入更加困难的境地。因此，我们要学会冒险，学会应变，学会突破这种思维定式，找到更为广阔的天空。

想得到回报，必须先付出

  一个商人遇到了难处，生意越做越差，听说附近山中的禅师不仅通禅道，也通商道，便前往求教。

  禅师说："后院有一台压水机，你先给我打一桶水来！"

  半晌，商人汗流汗流浃背地跑回来说："禅师啊，井里边是不是没有水啊，怎么我压了半天也压不上水来呢？"

  禅师说："既如此，那就麻烦施主到山下给我买一桶水来吧。"

  为了赚钱，商人去了，但回来时，他仅仅拎了半桶水。

  禅师说："我不是让你买一桶水吗？怎么才半桶呢？"

  商人脸红脖子粗，解释说："不是我怕花钱，实在是山高路远，我提不动啊！"

  "可是半桶水不够用啊，你就再辛苦辛苦，再买半桶来吧！"

  商人无奈，只好又到山下买了半桶水回来。

  禅师用赞许的眼光看着商人，说："现在我可以告诉你解决的办法了。你提着水跟我来。"

  禅师把商人带到了压水机旁，说："把你买来的水统统倒进去！"

  商人非常疑惑，心说这可是我辛辛苦苦提上山来的啊，但他不敢违背禅师的吩咐，于是下定决心，将水全部倒进压水机里。禅师又让商人压水看看。商人赶紧压水，没压几下，清澈的井水便喷涌而出。

为了一桶水连续下了两次山，这个商人也称得上吃苦耐劳了，但正如很多吃苦耐劳的人终究不能成功一样，商人的生意也是越做越小，个中原因就在于倘若你不肯付出自己的"水"，压水机就不会回报你更多的水。想得到更多的回报，你必须先舍得、先付出——经商的朋友尤需牢记这一点。

"天下没有免费的午餐"，只有先付出，才能得到应有的回报。回报与付出就好比是一对孪生子，在生活中无时无刻地存在着，就像阳光与影子的关系，有阳光存在的地方才会有影子。

无论你想获得什么，都必定要先付出。你想收获树上的果实，就必须先给树浇水、施肥；你想在工作上干出成绩，就必须先要付出心血和汗水；你想得到别人的帮助，就必须先要去帮助别人；你想得到别人的爱，就必须要先去爱别人。

许多人都会抱怨自己的付出得不到应有的回报。是的，在生活中我们常常会发现，我们充满激情的付出与满怀期待的回报在天平上无法持平，于是失望了，沮丧了，不再那么努力了。其实，做任何一件事，都需要坚持的精神，不管做什么，只要我们坚持不放弃，不断地做下去，迟早会有收获的。付出和收获永远都是相互依附的。

有一个盲人在夜晚走路时，手里总是提着一盏明亮的灯。人们很好奇，就问他："你自己看不见，为什么还要提着灯走路呢？"盲人说："我提着灯，为别人照亮道路，同时别人也

容易看到我,从而避免了碰撞。这样既帮助了别人,也保护了自己。"

盲人提灯的付出换来了保护自己的回报。我们应该不持怀疑地相信,世间自有公道,付出必有回报。当你已经选准了目标,就应该义无反顾,勇往直前地向目标奔去。只要你不畏艰难,奋力拼搏,坚忍不拔,永不放弃,不辞辛劳地付出,就一定能够达到胜利的彼岸。

不要找任何借口

从前，有一个老汉，家中非常富有。但老汉所在的地区崇尚俭朴，老汉怕人笑话，每日粗茶淡饭，特别想吃肉。

这天，他实在忍不住了，就想了一个办法，指着田边的一棵树，对儿子们说："我的家业之所以这么富有，全是因为这棵树的树神赐福的缘故。我们应该杀一只羊来祭祀树神。"

儿子们唯父亲之命是从，立刻动手杀了一只羊，祭献给这棵树，并且在树下修了一座小神庙。

后来老汉因病去世，因为生时作孽太多，便堕入了畜生道，无巧不巧地投生到了自己家的羊群中。一年后，老汉的儿子们无意中看到那棵树，便想继承老汉的"遗志"——祭祀树神，便到羊群中捉羊，捉来捉去恰好捉到了他们的父亲。

儿子们磨刀霍霍，这只羊却咩咩地叫着："这棵树哪有什么神灵？我以前是想吃羊肉才叫你们祭祀的，我和你们一起吃了羊肉，为什么今天独独是我先来偿还这份罪过？"

这时，一位罗汉走进家中，说自己具大神通，并运用神通让儿子们看到了他们死去的父亲转生为羊的经历，儿子们才了解了事情的来龙去脉。大家很是懊恼，立即毁掉了所谓的树神，从此悔过修福，不再杀生。

不找任何借口——这是成功学的一大真理。人非圣贤，孰能无过，如果不想过上加过，那就不要为自己做的坏事找借口，而要承担自己的错，诚心忏悔。

在生活中，我们习惯寻找借口来掩饰自己的过错，把自己该承担的责任转嫁给其他人。

借口常令我们自我感觉良好，让我们躲避在为自己搭好的帐篷里面！一提到责任我们就感觉很害怕，是的，无责一身轻，我们每个人都想获得轻松，但这可能吗？害怕承担责任的人永远也长不大，连承担责任的勇气都没有，还谈什么出息呢？还能做出什么伟大的事业？

我们每一个人身上都有惰性，都不想承担一些责任，当我们为自己的行为开脱的时候，就是在为自己找借口，借口让我们暂时逃避了困难和责任，心理获得了些许慰藉。但是，借口的代价却无比高昂，它给我们带来的危害一点也不比其他恶习少。

西点军校里有一个广为传诵的悠久传统，就是遇到军官问话，只有四种回答："报告长官，是！""报告长官，不是！""报告长官，不知道！""报告长官，没有任何借口！"除此之外，不能多说一个字。"没有任何借口"是美国西点军校奉行的最重要的行为准则，它强化的是每一位学员想尽办法去完成任何一项任务，而不是为没有完成任务去寻找借口，哪怕看似合理的借口。

据美国商业年鉴统计，二战后，在世界 500 强企业中，西点军校培养出来的董事长有 1000 多名，副董事长有 2000 多名，总经理、董事一级的有 5000 多名。任何商学院都没有培养

出这么多优秀的经营管理人才。

　　我们每个人也应该以"不找任何借口"的准则来严格要求自己,这样才能成为企业可以期待和信任的员工,才能在社会上成为大家可信赖和尊重的人。

不辛勤播种，怎能得到果实

从前，有个穷汉在地里劳作时，突发灵感："与其每天辛苦劳作，不如向佛祖祈祷，请他赐给我财富，供我终身享受。"

于是，他扔掉锄头，把家业托付给弟弟，吩咐他每日到田中劳作，别让一家人饿肚子。他自己则独自来到寺庙中，大摆斋会，供养香花，不分昼夜地膜拜，毕恭毕敬地祈祷："佛啊，请您赐给我现世的安稳和利益，让我财源滚滚吧！"

佛祖听到穷汉的祈祷，内心说："你这个懒惰的家伙，不干活却想谋求财富。倘若你在前世行过善事，积过功德，那么赐予你一些财富也未尝不可。可是你在前世根本没有任何功德，也没有半点儿因缘，现在却拼命向我求财，怎么可能呢？但若不给他些财富，他一定会怀疑我、怨恨我。不妨点化于他，让他死了这条心吧。"

于是，佛祖就化作了穷汉的弟弟，也来到寺庙里，像他一样祈祷求福。

穷汉看到后不禁问道："你来这儿干吗？我不是告诉你好好种田了吗？"

弟弟说："你自己不想种田，却教我来种？我跟你一样，想跟佛祖求财求宝，佛祖慈悲，一定会让我衣食无忧的。放心吧，即使咱们今年不播种，到时候地里也能长出庄稼来……"

弟弟还没说完，穷汉就骂道："你这个混账东西，不在田里播种，却想等着收获，实在是异想天开！"

弟弟听了一笑，故意问："你说什么？你再说一遍我听听。"

"我再说十遍也没关系——不播种，怎么能得到果实呢？你不妨仔细想想看，你太傻了！"这时，佛祖现出原形，对穷汉说："诚如你自己刚才所说，不播种就没有果实。过去不播善因的种子，今天哪会有什么善果？"

不辛勤播种，怎么能得到果实？

"业精于勤而荒于嬉"这句话很直白地告诉了我们勤劳的重要性。一个人即使有再好的家底，如果成天荒淫度日，迟早会变成一事无成的败家子。而一贫如洗的人在勤奋的浇注下，也会土鸡变凤凰，成为时代的精英。

勤劳能激发人的积极性和创造性，促使一个人不甘落后，即便是在平凡的工作岗位上也恪尽职守，任劳任怨，因为他相信美好的人生需要靠勤劳来争取。勤劳能使一个人得到社会的尊重，公司永远青睐那些勤劳的人们，只有勤劳才能为公司创造更多的利润。

勤劳是一种生活态度，能深刻理解"勤能补拙"这句话的人，才能正真正地认识自己。每个人都有力所不及的地方，但是勤劳能弥补这个缺憾，我们只要多勤快一点，同样可以完成以前所不能完成的事情。有一个大学毕业生去一家公司应

聘,老板第一个问题就问他会不会开车,他根本不会,但却毫不犹豫地回答"我会",然后老板叫他一周以后来上班。在一周的时间里他向亲戚借来一辆车,勤加苦练,甚至不分昼夜,废寝忘食,最后终于能熟练地上路了,因而也光荣地胜任了这份工作。

这个例子告诉我们,生活中的很多事情都需要用勤劳去争取,勤劳可以让我们抓住千载难逢的机会,是我们成功道路上不可或缺的可贵精神。所以,为了收获美丽的人生硕果,就让我们用勤劳去浇灌生命中的每一天吧!

从容面对花花世界的种种诱惑

古时候，有一对母女二十年如一日供养一位无果禅师。无果禅师自知自己尚未悟道，有愧母女俩的供养，就想出山寻师访道。

母女俩听说后，便劝禅师多留几日，也好为他做件纳衣。纳衣做好后，老母亲又在里面包上了四锭银元宝，给无果禅师作路费用。

无果禅师也不推辞，大方地接受了母女俩的好意，只等明日动身下山。

当天晚上，无果禅师仍然坐禅修炼。到半夜时分，一个青衣童子忽然走进禅房，紧跟着后面有随从数人鱼贯而入，有几个演奏着各种法器，其余人则扛着一朵很大的莲花，抬至禅师面前。

童子躬身一礼，说："请禅师速上莲花台，前往诸佛之界！"

禅师心想我的禅定功夫火候还差得太远，眼前恐怕都是魔境，因此把眼一闭，继续入定。童子和众随从见了便再三劝请，无果禅师便随手拿起一把引磬放在莲花台上，童子和诸随从便鼓吹而去。

第二天一大早，禅师还未动身，母女俩拿着一把引磬登门参访，问："昨天晚上，我们家里的母马生了个死胎，马夫把胎盘破开，在里面发现了这个引磬，我记得这好像

是禅师的东西，特来送回，只是怎么想也不明白它为什么会跑到母马肚子里？"

无果禅师听后，登时汗流浃背，作祸曰：

一袭衲衣一张皮，

四锭元宝四个蹄；

若非老僧定力深，

几与汝家作马儿。

说罢，无果禅师将纳衣和银元宝还给母女二人，径自出山而去。

这里讲述的是定力的要义。

在物欲横流的花花世界里，有各种各样的诱惑挑逗着我们的欲望，使人们浮躁的心很难静下来思考我们来到这个世界的真正目的。

春秋战国时期，宋国有个司城官名叫子罕。一次，有人送他一块玉，他拒收。那人说，这是稀世之宝啊！子罕回答说："正因为如此，我才不收。你以玉为宝，我以不贪为宝。我收了你的玉，你我都失去了宝。不受，我们不是各得其宝吗？"来人哑口无言，羞愧地走了。

这是一个抵制诱惑的例子。然而，在现实生活中，有多少人经受得住诱惑的考验呢？诱惑是经过美化后的陷阱，常常让人心甘情愿地跳入其中，事后才明白自己的一时冲动是多么可笑的愚蠢行径，于是就酿成了"一失足成千古恨"的悲剧，想挽回时，为时晚矣！究其诱惑横行的原因，要归咎于人们心中

难耐的寂寞。

寂寞考验的是心境，有人说"寂寞是一种悲壮的美丽，是呼唤理性的天籁，是人生宝贵的箴言。"人要有所成就，就要守得住寂寞，在寂寞中克制与坚守，在寂寞中追求卓越。古来圣贤皆寂寞，耐得住寂寞的人，才能看清自己面对的时局与环境，牢记自己的使命与责任。如果时时身处这样的心境，自然也就无暇顾及诱惑了。

经得起诱惑，耐得住寂寞，是我们有所作为的必备心境。面对花花世界的种种诱惑，我们应该做到心不为所动，用自制力避免自己陷入诱惑的深渊。

吃人的嘴软，拿人的手短

宋代禅僧兜率从悦在参访清素禅师时，言谈举止非常礼貌恭敬。有一次，有人送给他一些荔枝，从悦禅师拿着荔枝走到清素禅师的窗口，非常恭敬地说："长老，这是我们家乡江西的特产，请您尝尝如何？"

清素禅师非常高兴地接过荔枝，感慨地说："自从先师圆寂后，我已经很久没吃过这种水果了。"

二人一边吃着荔枝一边攀谈。从悦禅师问："请问长老，您的先师是哪位高僧？"

清素禅师说："慈明禅师，我在他座下当了十三年的职事。"

从悦禅师惊讶地赞道："十三年来您一直在高僧座下从事着职事之役，怎么可能不深受高僧的言传身教呢？"说完，又将手上的荔枝全部供养给清素禅师。

清素禅师更添感激，说："我是个福薄之人，先师曾经告诉我说，不可以把这件事对别人讲，若非今天看你如此虔诚，若非因为这荔枝的缘故，我是不会违背先师，对你说他的名号的。现在把你听到这件事的心得告诉我吧！"

从悦禅师便把自己的想法告诉了清素禅师。清素禅师开示他说："世界是佛魔共有的，最后放下时，要能入佛，不能入魔。"

从悦禅师登时大悟。这时，清素禅师又告诫他说："我今天为你点破这个道理,让你得大自在,但是切记不可说是承嗣于我! 真净克文才是你的老师。"

常言道,吃人的嘴软,拿人的手短,没想到禅师们居然也概莫能外。吃了人家的荔枝不能白吃,总得告诉人家点什么,这可称得上最具现实意义的因果机缘方面的案例了。即使我们不学佛、不修道,但广交朋友总是没错的,欲结人缘,你就得舍得你手中的"荔枝",对人对物都常怀一份恭敬之心。人们总是说缘分可遇不可求,但是缘分其实也是可以创造的,这个故事就是明证。

"吃人的嘴软,拿人的手短",我们受了人家的恩惠,就要替人家办事。通常情况下我们是这么理解的,而且这样理解也十分准确。于是有很多人顺理成章地把践行这句话的人定义为"狗腿子"形象,认为他们出卖自己的尊严,吃了人家的,拿了人家的,寄生在别人的门下苟活。

没错,我们是需要自食其力,需要靠自己的双手创造未来。但是,在这个合作化程度越来越高的社会,我们很难孤身一人闯出一片天地,我们需要别人的帮助,需要别人的指点。但是别人会无缘无故地帮助你吗? 我们靠什么博取别人帮助呢? "吃人的嘴软,拿人的手短"是最好的回答。

这句话在旧社会确实活化出了许多狗腿子形象,他们为了一己私立,卖主求荣。但是在人际关系愈益重要的今天,我们应该深刻理解它所蕴含的生活哲理。比如说,你在一个人生地不熟的地方迷了路,需要向路边的人打探路况,假如你劈头

盖脸地问人家某某地方该怎么走,人家可能一言不答,喜欢搞恶作剧的还有可能指给你一个错误的方向。但是,假如你主动递上一根烟,先给人家点上,然后再问人家。人家接受了你的恩惠,想报答还来不及呢,看你着急地问路,自然会很热情地帮助你。

这就是"吃人的嘴软,拿人的手软"所揭示的生活哲理,深谙此理的人,能够在成功的道路上越走越远。梦想的道路上布满荆棘,难免会遇到这样那样的困难,这时候,我们就应该利用"吃人的手,拿人的手短"来寻找帮助,让自己渡过难关。

帮助别人，终究会有回报

有一天，佛祖对弟子们讲经说法时，忽然只会阿难尊者说："我有些口渴，你去到前方五里外的小村庄里，向一个正在井边洗衣服的老妇人要一桶水回来，记得态度要尽量和善些。"

阿难点点头，拿着空桶往佛祖所说的小村庄走去。一路上，他想这么容易的事，我一定轻易就能办妥。但是当他走到那个小村庄，向井边那位白发苍苍的洗衣老妇行过礼，申明来意后，那老妇却非常生气地说："不行，这口井只能给本村人使用！"接着老妇就赶阿难走人，任凭阿难苦苦哀求也不为所动。

阿难无奈，只好带着空桶返回。他把遭遇到的种种情形原原本本地向佛祖讲述一遍，佛祖点点头，示意阿难坐下，接着叫舍利弗去借水。

舍利弗很快找到了那个小村庄，看到那个白发苍苍的老妇还在井边洗衣服，便走上前去很有礼貌地说："老人家啊，我的师父口渴了，我可以跟你要一桶水吗？"

老妇抬起头，看到舍利弗，竟然没来由地心花怒放，仿佛见了一个很投缘的亲人。她高兴地说："行！行！来来，我帮你打水………"打好水后，老妇还让舍利弗等她一下，自己则匆匆忙忙地跑回家，拿了一些斋食让舍利弗带上。

舍利弗提水而归，也将遭遇到的种种情形告诉了佛祖，佛祖点点头，照样示意他坐下。阿难和众弟子就疑惑地问佛祖，是何种因缘造成阿难和舍利弗有这么大的差别？

佛祖开示说：在远劫前的一世，那个老妇人曾沦为畜生道，投生老鼠身，最后死在了路边，被烈日艳阳暴晒。阿难当时是个商人，见到死老鼠心中起了嫌恶之心，掩鼻而过，而舍利弗当时是个读书人，见到死老鼠心中起了怜悯之心，顺手捧了一把泥土将老鼠掩埋了。

故事中的老妇人称得上睚眦必报。但我们的焦点不在这里，而是你做了一件坏事，你打着各种冠冕堂皇的幌子把别人的东西巧取豪夺到你那里去了，你仗势欺人，别人或许敢怒不敢言，但"敢怒"二字就说明"报"的能量已经产生，再也不会消失。它如何积累，如何酝酿，如何释放，都只是一个时机和管道的问题。反之，你做了一件好事，你帮助了别人，别人即便不能即刻报答你，但至少不会讨厌你，周围的人也会认可你。

送人玫瑰，手留余香，帮助别人会让我们感到快乐。不仅如此，别人得到我们的帮助后，自然心存感激，有朝一日我们身处困难，那些曾经被我们帮助过的人也会毫不犹豫地伸出援助之手。所谓"投之以李报之以桃"正是这个道理。所以在某种程度上，帮助别人就是帮助自己。

有这样一个故事。在战场上，敌人的一架轰炸机直冲了下来，按理说应该立即卧倒。可班长看见旁边新入伍的小战士还愣愣地站着，他就毫不犹豫一个箭步扑了上去，把那小战士扑倒在自己身下。飞机走后，班长朝自己原来站着的地方看去，只见那里被炸出了一个大坑，他惊讶得合不上嘴巴。

这位班长可能做梦也没有想到，对新士兵的帮助会是对自己性命的暗中回报。生活有时就是这样，我们给别人带来方便的同时，冥冥之中也帮助了自己。然而，现实中，很多人却认为"多一事不如少一事"，当别人遇到困难的时候，他们不仅不给予帮助，甚至还在一旁幸灾乐祸。这种人通常对自身外的事情漠不关心，一副冷若冰霜的态度。然而，谁的一生能够一帆风顺？谁都有遭遇困难需要别人帮助的时候，他们的冷若冰霜只会让他们在困难面前一筹莫展，因为别人会这样想，你当初对我的困难都不屑一顾，我今天又有什么理由帮助你呢？

其实，每个人都有感恩的心理。当别人身处危难之中时，我们应该主动前去帮助，即便能力有限，爱莫能助，送上几句安慰的话也好，精神上的鼓励也是一种莫大的帮助。这样，我们才能得到别人的认可，当自己遇到困难后，自然就能得到他们的帮助了。

时常为自己敲敲警钟

佛陀在世时，舍卫国有个商人名叫弗迦沙，有一天，他去罗阅城中做生意时，过城门时意外地被一头母牛用角刺死了。

母牛的主人非常恐慌，立即将母牛转手卖于他人。那个买牛的人也是个倒霉蛋，回他家的路上有一条小河，他牵着牛在河边饮水时，不小心又被母牛的牛角刺死了。他的家人非常生气，就请屠夫把母牛杀了，然后向乡邻们出售牛肉。

很快，牛头被一个农夫买走了。没想到死牛也能杀人——在回家的路上，那个农夫坐在树下休息，把牛头挂在了树上。不一会儿，挂牛头的绳子忽然断了，牛头落在农民的胸口，牛角又把他刺死了。

瓶沙王听说这件事后，就请问佛陀这是何原因。佛陀说，过去有三个商人，他们一同租住一位老大妈的房子，本来说好居住一月付费若干，但他们三个到了交房费的时候却欺负老大妈"孤独无能"，偷偷溜走了。老大妈发觉后随即追上，他们不但不给钱，反而骂说："房钱我们不是早就给了你了吗？怎么还向我们要？"

老大妈无奈，坐在地上哭了半天，发誓说："愿我日后能再遇上你们，一定把你们全都杀掉！"这一世她沦为母牛，被刺死的商人、买牛人和农夫就是那三个无良的商人。"

这些故事真是是佛陀当年讲述的也好，还是后世杜撰的也罢，都是为教导众生：勿以善小而不为，勿以恶小而为之。

曾子曰："吾一日三省吾身"，意思是说，他每天都要多次反省自己的德行。德高望重的先人尚且如此，何况我们这般凡夫俗子呢？

我们都不是圣人，难免会身染恶习，在恶习的支使下，我们可能会有一些恶劣行为，或许我们自己还没有意识到，但对周围的人已经产生了影响。

"物以类聚，人以群分"，人们会像躲避瘟疫一样对待一个德行败坏的人，所以人品有瑕疵的人很难在社会上立足。为了在他人的心目中树立良好的形象，我们需要时常反省自己，改掉坏毛病，做一个受社会欢迎的人。

我们不怕错误，谁年轻的时候不犯错呢？但是不能犯同样的错误，岁月经不起蹉跎。所以我们也要像曾子那样每天多反省几次，为自己敲警钟，用严格的标准规范自己，用先人的智慧启迪自己，使自己的性格日趋完善。

性格的完善是一个漫长的过程，因此警钟也需要常鸣于耳畔，铭记自己曾经犯错的根源。听过这样一句话，说是一个人掉了一根头发不会秃顶，掉了两根头发不会秃顶，可是如果一直这样掉下去，总有一天会寸草不生。正如某些人犯了错误一样，明明知道自己的做法不对，又不悔过，不反省自己，不敲

警钟告诫自己,结果越错越离谱,铸就了不可挽回的损失。

知错就改对我们每个人都是有益的,我们需要时常用亲自犯下的错误给自己敲警钟,以免再犯,并在错误中发现自己的不足,在失败中不断充实自己、丰富自己,这样才会成为有用之才。

以宽容和理解取代彼此的对抗

宋朝的通慧禅师幼年当沙弥时，有一次师父要他去打水，路上偶遇一个卖鱼的人经过，一条鱼不经意地跃入通慧打水的脸盆里，通慧顺手就把鱼打死了。

三十多年后，通慧做了住持。有一天，他对一个弟子说："三十年前的一段公案，今日应该了结了。"

弟子忙问是什么事，通慧禅师说："到正午你就知道了。"说完就在座上闭目参禅，再也不发一言。

当时有个名叫张浚的武官，恰好带兵到关中，经过通慧禅师的寺前时，他忽然性情大变，暴怒异常，竟手持弓箭径直走入法堂，对着通慧禅师怒目而视。

通慧禅师笑着说："我已经等你很久了。"

张浚也不知道自己为什么会突然发怒，更不知道禅师所说为何意，问："我与禅师素不相识，今日一见为何满腹仇恨？甚至想置你于死地，自己都不知道为什么。"

说完，张浚仍愤恨不已。通慧禅师就把三十年前自己还是沙弥时，无心击毙了一条鱼的往事叙述了一遍。张浚听了之后感动不已，于是说："冤冤相报何时了，劫劫相缠岂偶然；不若与师俱解释，如今立地往西天。"说完，张浚竟站着往生(死)了。

通慧禅师看张浚已死，就在一张纸上写道："三十三年飘荡，做了几番模样；谁知今日相逢，却是在前变障。"

写完,通慧禅师便盘坐在蒲团上,少顷便圆寂了。

———————————————

在工作和生活中,我们与周边的人常常会因为个性不同、想法不同、做法不同而产生各种各样的矛盾,性格刚烈的还要分庭抗礼,争个你死我活。最后彼此形同陌路,碰见了好像没见到似的,甚至投来恶狠狠的眼光。

其实这很没有必要。大家相聚在一起,生活和工作在一起,本身就是缘分,有什么大不了的事情解决不了的呢?在工作中,人与人之间难免会有摩擦,人生路上起伏不平,阴差阳错、磕磕碰碰的事是常有的,何必为了彼此之间的一点小事而处于对抗的僵持状态?这样于己于他人都不利。人与人组合在一起才能成为一个团体,一个家庭,一个企业,如果彼此之间相互对抗,充斥着仇恨,还怎么心往一处想,劲儿往一处使?更不必说共同进步,共同发展了。人活着,就是"与人共处"在同一个地球上。因此,人要学会和谐,更需要宽容和理解。

古时候有一对兄弟继承成父亲的遗产,由于财产分布不均而长期处于不和的对抗状态,结果致使父亲在世时苦心经营的家业日益衰败,他们俩因此而遭到了世人的讥笑。兄弟俩对此羞愧万分,于是都以宽容的心态不再计较彼此财产的多少,然后齐心协力重操家业,完成了父亲的遗志。

我们需要用宽容和理解的包容心态融化彼此之间的矛盾。宽容之心就是不计较,事情过了就算了。每个人都有错误,如果执着于其过去的错误,就会形成思想包袱,不信任、

耿耿于怀、放不开，限制了自己的思维，也限制了对方的发展。所以，为了自己和他人，让我们以宽容和理解取代彼此之间的对抗吧！

恶言伤人，反伤自己

有一次，佛陀率众弟子前往摩揭国的梨越河城，途经梨越河畔时，适逢正午，艳阳高照，佛陀便命弟子们在河边稍事休息。当时，河畔还有 500 个人在放牛，河里有 500 个渔夫在捕鱼。

不一会儿，渔夫们网住了一条巨大无比的鱼，500 个渔夫同心协力，居然无法将大鱼拖出水面，于是渔夫们请 500 个放牛的人帮忙，合千人之力才把大鱼拖上岸。

这条大鱼本来就够惊世骇俗的了，更不可思议的是，鱼身上居然生长着驴、马、猪、狗、骆驼、老虎、豹子、狼、狐狸等 100 个不同动物的头。人们非常惊奇，对此议论纷纷，一时非常热闹。

佛陀见众人吵闹，便让阿难尊者过去看看发生了什么事，阿难尊者看到大鱼也很吃惊，马上回报佛陀。于是，佛陀便带着众弟子一起前往看个究竟。

人们见佛陀来了，纷纷用期待的眼光看着他，希望他能以无上智慧揭开这个谜。

佛陀便问大鱼："你是不是迦毗梨？"

大鱼开口回答说："就是。"

佛陀又问："你现在在何处？"

大鱼回答说："现在堕在阿鼻地狱中。"

阿难和大众对此充满了疑问，便请教佛陀，佛陀说：

"在过去迦叶佛在世时,有一位婆罗门生了一个男孩,取名为迦毗梨。这个男孩长大后聪明伶俐,知识渊博,在当时的婆罗门中,没有人能比得上他的才学与雄辩。他父亲在临死时再三叮嘱他说:'你千万不要与迦叶佛的弟子辩论,他们智慧深奥,你是比不上的。'但父亲死后,迦毗梨的母亲却让他假作沙门去偷学知识,以便能在辩论中胜过迦叶佛的弟子,虽然迦毗梨不想这样做,但他抗不过母亲,只好照办,并以他的聪明好学,在短时间内记下了很多经典,初步理解了义理。他的母亲问:'你现在能辩倒迦叶佛的那些弟子了吧。'迦毗梨说自己还是无法胜过那些有禅定的人,结果他母亲很不高兴,教唆他在辩不过时出恶言辱骂,那样的话迦叶佛的弟子肯定会默然不语,而旁观者也就会认为是迦毗梨胜了。在母亲的唆使下,每当与迦叶佛的弟子辩论快要输时,迦毗梨便破口大骂:'你们这些笨人,没有识见智慧,比某某(动物名)还不如,懂得什么。'天长日久,百兽的头部都被他用来骂过了,因此他变成了今天这样的百头怪物。"

迦毗梨真够可怜的,他为了母亲而遭罪,但却没有人为他分担业报,如果他当时就能预知事情的严重性,相信他绝不会去制造这个苦因。这类以嗔心恶业而招恶果的故事,在佛经中还有很多。不要以为这只是个传说就不把它放在心上,生活中因为一言不合、一言不逊导致的悲剧多了去了。如果大家能经常引以为戒,遇事不生嗔怒之心,不仅可以避免相应的恶果,还

能节省大把的时间和精力,那么忍受些许口舌上的"失败",又有什么不可呢?

当别人触犯我们的利益时,我们常常遏制不住心中的怒火,刹那间,恶语会像开闸的洪水,喷薄而出。

仔细想想,我们在生活中是不是这个样子。被别人不小心踩了一脚,便吹胡子瞪眼,脏话顺口而出;别人多领了一点奖金,就在背后议论人家,把人家的丑事都抖出来,甚至凭空捏造,并把恶语夹杂在其间。还有甚者,当面出言不逊,恶语伤人。

每个人都有自尊心,并自始至终都维护着自己的自尊。当别人被你的恶语中伤时,自尊心自然受到了严重的伤害,心里感到憋屈。憋不住的,当然受不住这口气,于是硝烟四起了,要与你大干一场,以解心头之愤。所以你免不了要用肉体的伤痛来为当初的恶语赎罪。纵使别人受得住憋屈,不与你大动干戈,但是你的形象会在别人眼中大跌,认为你不值得交往,不值得合作。这样你会失去更多,所以在某种程度上说,你恶言伤人,反伤了自己。

在一家公司里有这样一个员工,对于那些比他强的人,他常怀嫉妒之心,并处处挤对人家,甚至经常以恶语伤人。时间长了,所有的员工都知道了他的秉性,纷纷远离他,不愿与他商讨,不愿与他合作。所以,他成了公司里面最不受欢迎的人。

这就是小肚鸡肠的人以恶言伤人,最终害了自己的典型例子。

以恶言伤人的人,就像仰着头向天空吐痰,无法污染天空,反而会沾满自己的脸,所以,如果不想污染自己,那么就千万要记住,无论在任何场合,都不可以恶言伤人。

第七章 天堂和地狱就在一念间

地狱与天堂只是人的想象

　　有一年,金山昙颖禅师云游至京师,住在当朝太尉李端愿家的花园中。一日,太尉问禅师:"人们常说的地狱,到底是有呢? 还是没有?

　　昙禅师回答说:"地狱天堂只是人的想象而已,有或无都是人心所现。所谓境由心造,天堂地狱都不过是一念之间的事情。心中有善念,就见天堂;心中存恶意,地狱便在眼前。太尉只需修正自己的心意,也就不会困惑于天堂地狱,不知所以了。"

　　太尉又问:"那么,请问禅师,我该如何修心呢? "

　　禅师道:"别把地狱天堂和善恶这些东西挂在心头,把它们都抛开就行了。"

　　太尉问:"那么,什么都不去想,心又会在哪里呢? "

　　禅师说:"心不可能有一个固定不变的处所。这正如《金刚经》上说:'应无所住,而生其心。'"

　　太尉问:"人如果死亡了,会去到哪里呢? "

　　禅师答:"呵呵,如果你连生的时候都不了解,又怎么可能了解死后的去处呢? "

　　太尉说:"可是我在人世的事情,我是了解的啊。"

　　禅师:"是吗? 那我来问你:你的生命是从哪儿来的? "

　　太尉尚在沉思, 禅师猛然用手直捣其胸说:"你光在这里思量个什么劲儿啊? "

太尉当下有悟，说："对啊，我明白了。我是光知道走路，却不知道自己到底都走了些什么路。"

禅师笑着说："呵呵，百年一梦，不过如此。"

生命从哪里来？又到哪里去？直到现在为止，恐怕以后也未必能有一个普遍的公认的说法。

想想看，当你发自内心地施善，真心帮助了一个需要帮助的人时，他也开心，你也开心，你不是在天堂是在哪里？反之，如果你总是机关算尽，处处设计害人，内心阴冷黑暗，时时还要担心被人识破，被人报复，你不是活在地狱里，又是在什么地方？

现实生活中并不存在天堂和地狱，天堂和地狱只不过是人们的想象罢了。心存善念，抬头就是天堂；心中填满恶念，就时时刻刻生活在地狱中。

在现实生活中，我们可以发现，有一部分人因为心中有善念，慈悲为怀，以助人为乐为己任，因而脸上时刻挂着幸福的微笑，仿佛生活在天堂一般；还有一部分人因为一肚子坏水，唯恐天下不乱，因而时常面目狰狞，就像遭受着地狱般的痛苦。

心存善念和心存恶念之所以会有如此大的区别，是因为善念是推己及人，想他人之所想，在帮助别人的同时自己也拥有了一份快乐；而恶念则是嗔心在起破坏作用，让人长期生活在憎恨与嫉妒中，难免会面目可憎。

然而善念与恶念只是一念之间。只要心念一转，世界就有

可能不同。有一位单身女子刚搬了家,她发现隔壁家住了一户穷人,一个寡妇与一个孩子。有天晚上,那一带忽然停电了,那位女子只好自己点起了蜡烛。没有一会儿,忽然听到有人在敲门,原来是邻居家的小孩,只见他紧张地问:"阿姨,请问你家有蜡烛吗?"女子心想,他们家竟穷到连蜡烛都没有了,千万别借他们,免得自讨苦吃。

于是,她对小孩吼了一声"没有"。正当她准备关门的时候,那穷小孩从怀里拿出两根蜡烛说:"妈妈和我怕你一个人住没有蜡烛,所以我带来了两根蜡烛来送给你。"

此刻女子羞愧难当,无地自容,眼中满是泪水,被男孩的善举感动了,因而也起了善念,迅速将那小孩子拥入了怀中。其实,无论是做人还是做事,都要相信善有善报,恶有恶报。只有心存善念才能活得快乐,活得坦荡。

顺应事物的变化无常

　　禅宗史上有一位知名的晋迫禅师，他非常喜爱兰花，在他住持的禅院里，摆满了各种各样、品种繁多的兰花。弟子们都说，兰花就好像晋迫禅师的生命。香客游人来寺院听法礼佛时，看到满架的兰花暗香四溢，清幽甘畅，都情不自禁地赞叹不已。也因此，人们干脆称晋迫禅师为"兰花和尚"。

　　某日，晋迫禅师应邀去城里讲经说法。临行前，他把一个弟子叫到跟前，说我要去讲法，天黑才能回来，你替我好好照看这些兰花，记得给它们浇水。

　　弟子非常负责任，但在给兰花浇水时，也许是太紧张了，他一个不留意，脚下一绊，竟把整个摆放兰花的架子撞倒在地，瞬间瓦盆破碎，花叶零落。看着一地的残花烂泥，弟子吓得不知如何是好，心想师父回来看到心爱的兰花成了这番景象，不知要愤怒到什么程度？

　　晚上，晋迫禅师回到寺院，弟子立即向他报告了白天发生的事情，并表示甘愿受罚，他本以为师父会火冒三丈，但禅师听完后只是平静地笑笑说：你既然不是故意的，我又怎么能怪你？我的确喜欢兰花，视兰花为朋友。但我种兰花的目的是为了以香花供佛，美化寺院和大众的心境，不是为了生气啊。世事无常，转瞬即逝，没有什么东

西是不灭不坏的,我怎会执着于心爱的东西而不知割舍?这可不是咱们禅门的家风啊!

不为生气种兰花不但是一个禅者应有的风度,即便是我们普通人,也应该尽量顺应事物的无常变化,不让外在事物改变我们内心世界的平静。

花谢花开,云卷云舒,自然界无时无刻不处于瞬息万变之中。我们周围的生活也是这样,没有一成不变的道理。事无常态,是这个世界最本真的状态,我们要做的就是顺应事物的无常变化。如果一味地墨守陈规,不随着事物的变迁做出相应的变化,结果可能会徒劳无功,甚至事与愿违。

现实中,埋头苦干的人不少,整天看到的都是他们忙碌的身影,似乎值得效仿,可是卓有成效的却寥寥无几。这就说明了我们需要的不是苦干,而是巧干。如何巧干?需要我们时不时地抬头关注事物的变化,及时调整自己的行动方针。如果整天都埋着头,不问世事,不关注周遭的变化,只会让我们在南辕北辙的泥潭中越陷越深。看似付出了巨大的辛劳和汗水,实则收效甚微。

历史上许多著名的改革家都十分关注事世态的变化,如明朝首辅张居正就针对土地兼并的现象提出了相应的整顿措施。他们顺应事物变化的智慧是值得我们学习的。或许我们存在一些误解,认为事物既然变化无常,那么就捉摸不定了,还怎么谈顺应变化呢?

其实,事物的变化并不杂乱无章,而是有规律可循的。

所有的成功不外是对规律的把握，所有的失败也不外是违背了客观的基本规律。对于事物的变化，我们应该以平静的心态坦然面对，不急不躁，抓住变化中所蕴含的规律，按规律行事。

一次小恶，也会毁掉人生的希望

话说有一日，佛祖闲来无事，从地狱之井向下望去，只见无数生前作恶多端的人正因自己的罪孽饱受着地狱之火的煎熬，所有人脸上都写满极其痛苦的表情。

与此同时，一个强盗也看到了慈悲的佛祖，马上祈求佛祖救他。佛祖知道这个人生前是个无恶不作的大盗，抢劫他人财物不说，还任意屠杀生灵。但是他也不是一次善事都没做过。比如有一次他走在路上，正要踩到一只小蜘蛛时，突然心存善念，移开了脚步，放过了那只小蜘蛛。

想到这儿，佛祖觉得他还有一丝善心，于是决定用那只小蜘蛛的力量救他脱离苦海。

佛祖从井口垂下去一根蛛丝，大盗像发现了救命稻草一样拼命抓住那根蛛丝，然后用尽全力向上爬。可是其他人见到逃生的机会也都蜂拥而上，无论大盗怎么恶言相骂，他们就是不肯松手。

蜘蛛丝上的人越来越多，大盗心想，这蛛丝太细必定承受不了这么多人的重量，蛛丝一断，我岂不是重沦苦海？于是他掏出惯常作恶的刀子，一刀便将身下的蛛丝砍断。结果在蛛丝被砍断的一瞬间，上面的蛛丝也消失了，大盗和所有的人再次跌入了万劫不复的地狱。

故事中,大盗连最后一点怜悯都没有了,佛祖怎么会救他呢?他也不想想,蛛丝既然是佛祖抛下来的,又怎么可能会断呢?

在这个十分残酷的世界中,很小的善,却可以拯救众多的生命;很小的恶,就可以毁掉一个人最大的希望。我们一定要以那个大盗为诫,一定要时刻注意给自己留条光明磊落仁爱善良进退自如的后路,那些自断后路的人,也是在自毁前程,总有一天会走上绝路。

大盗担心蜘蛛丝会断,于是心中起了保全自己毁灭他人的恶念。也就是这一恶念,葬送了他最后的生存希望,又坠入了万劫不复的地狱。究其自毁前程的根源,在于他的良心被利益熏黑,于是不惜牺牲他人的性命来保全自己。

利益往往是产生罪恶的源泉。很多人往往经不起利益的诱惑,在利益的面前,丧失自己的人格,各种贪念及恶念如浓烟滚滚而起,于是当面一套背后一套,尔虞我诈,就是为了谋求那一点利益。

生活中很多人都有这种心态。比如,公司要通过各种考核最后确定几个出国考察的名额。很多员工就为了跻身于那几个名额之中而相互诋毁,跑到主管那里打小报告,说对方的坏话。结果主管认为凡是来打小报告的员工都是缺乏团结素质的表现。一个公司要发展,团结向上的凝聚力是必不可少的。于是打小报告的员工全部被取消了出国的机会。

这几个员工为了自身利益,心中起了诋毁他人来成全自己的恶念。在恶念的指使下,恶劣的行为就不难想象了。然而,他们可曾想到,其实一切冥冥之中自有安排。你虽然煞费了苦

心,机关算尽,但老天未必随着你的意志行事。

　　害人终害己。俗话还说"恶有恶报",你的一次很小的恶,将来都可能会成为你成功路上的绊脚石,毁掉你最后的希望。其实,我们应该心存善念,学会和别人共同进步,而不是通过行恶的方式诋毁他人来成全自己。

不断祛除身上的瑕疵

一个和尚在莲花池畔散步,闻到莲花的香味,他心里很高兴,就起了贪念。莲花池的池神就现身对他说:"你为什么不在树下坐禅,却跑到这里来偷我的花香呢?你贪恋香味,心中就会起烦恼,永远也得不到大自在。"说完,池神就消失了。

和尚很惭愧,正想回去继续坐禅,这时又来了一个人,他径自走入莲花池中玩耍,还用手把莲花的叶子折断,连根拔起,满池莲花被他弄得乱七八糟,但直到他离开,池神不仅没有现身,而且一声都没吭。

和尚很奇怪,就问池神:"那个人把你的莲花弄得一塌糊涂,你怎么不管?我只不过在池畔散步时顺便嗅了一下花香,你就责备我,这是什么道理?"

池神再次现身说:"世间的恶人,他们满身都是罪垢,即使再多些罪垢也无所谓,所以我根本不想理会他们。可你是个修行人,贪恋花香恐怕会破坏你的修行,所以我才责备你。这就譬如白布上有一个小污点,大家都看得见,而那些恶人则好比黑衣,再加上几个黑点又算得了什么呢?"

我们可以把别人的莲花弄得乱七八糟,自己却不愿感受类似的破坏。当我们不愿意正视自己的错误时,当我们对恶习

以为常时，我们已经无意中踏上了恶途。这是人生中最悲哀的事情。我们必须时刻反省自己，才能不被别人也不被自己抛弃。把自己和不可救药的人分别开来，不断祛除身上的瑕疵，我们才能更上一层楼，超凡脱俗。

每个人呱呱坠地时，都是一张白纸，光亮而没有污点。但是在生命的成长过程中，会不断地受世俗污垢的浸染，各种不好的习惯慢慢地得以养成，当初的白纸也会渐渐地出现点点斑驳。但是，这不能成为我们对瑕疵妥协的理由。人生的意义在某种程度上就是不断地追求完美。尽管世界上不存在完美无暇的东西，但是对完美的追求，会不断地完善自我，提升自我，使自己成为一个有修养、有品味的人。

人无完人，每个人都有必要祛除身上的瑕疵。细节决定成败，纵观大多数失败者的一生，他们不乏决心与意志，但是在紧要关头常常被一些细节所打败。主要是因为他们的双眼被他们身上的瑕疵所掩蔽，致使他们看不到这些容易被忽视的细节。"千里之堤，溃于蚁穴"，我们身上的任何一点小瑕疵都有可能成为我们成功道路上的关卡。

不管我们生活和工作在一个什么样的集体里，那些瑕疵丛生的人总是很难得到人们的欢迎。人们以冷落的表情接待他，以异样的眼光看待它。一个人身上的瑕疵是掩盖不住的，会在言谈举止中不经意地表现出来。近朱者赤，近墨者黑，人人都希望和道德高尚的人交往，而竭力排斥那些布满瑕疵的人。就有这样一个人，她特别喜欢唠叨，不管做什么事情，嘴里总是絮絮叨叨个不停。在工作期间还经常拉着别人跟她说话。刚开始，别人都认为她比较热情，对她的印象也不错。可是时间长了之后,就开始是厌倦她了,慢慢地也就远离了她,不愿意跟她接近。

所以,瑕疵会影响一个人的人际关系,也会让你慢慢地远离成功。我们应该认真地审视自己,反省自己,不断地发现自己身上的瑕疵,并竭力祛除瑕疵,使自己更上一层楼。

射死心中的兽性

马祖道一的弟子石巩慧藏禅师，出家前是个猎人，对和尚有一种没来由的厌恶。有一天，他在追赶一头受伤的麋鹿时，马祖道一半路杀出，将他拦在道中。他本来就讨厌和尚，马祖又干扰了他打猎，于是他抡起胳膊就想动粗。

马祖问他："你是什么人？"

石巩说："猎人。"

马祖又问："那你会射箭吗？"

石巩以为对方是在探问自己的箭术是否高明，洋洋自得，胸脯一拍，颇为自负地说："当然，我一箭射一个，百发百中。"

马祖不露声色地说："我看你还是不懂得射箭。"

石巩反唇相讥，说："你说我不会射箭，难道你会箭术不成？"

马祖："我自然懂得！"

石巩："那你一箭能射几只？"

马祖："我一箭能射一群！"

石巩听了，嗔怪地说："出家人讲慈悲，彼此都是生命，何必要一箭射它一群？我虽以杀生为业，但杀取有道，从不杀幼兽和怀孕的母兽……"

马祖眼睛一亮，便以迅雷不及掩耳之势喝道："你既然知道彼此都是生命,为什么还要射杀它们? 你为什么不回转箭锋射自己呢?"

石矾不解:"射自己?"

马祖开释他说:"是的,射自己! 你被欲望困扰,心中积满尘垢,因而贪残嗜血,人性消失,剩下的只有兽性。你要做的,就是射死自己心中的兽性,做一个顶天立地的慈悲大丈夫!"

石矾闻言大悟,当下扔掉弓箭,跪在马祖面前,做了禅师的弟子。

"冰冻三尺非一日之寒,水滴石穿乃百日之功",切忌因恶小而为之,因为巨大的罪恶都是细小罪恶积累而成的。不要做任何一件坏事,但求做任何一件好事。让自己的双手沾满花香,而不是沾满鲜血。不仅要少杀动物,也不要滥砍树木,它们或许永远也奈何不了我们人类,但如果我们再贪得无厌的话,环境和大自然一定会为它们主持正义。

人们心中的兽性主要是野蛮和残暴的性情。当一个人被兽性操控时,理智被抛之脑后,很容易做出伤天害理的事。

兽性不是天生的,是人们恶习难改慢慢积累而成的。所谓"冰冻三尺,非一日之寒",兽性也是如此,也许当初你因为不高兴而摔坏了一只杯子,虽然不是什么大不了的事,但是如果不加注意,摔东西的恶习会潜伏在你的心中日滋月长,某一天你心情不顺畅的时候,摔的可能就不是杯子了,也许会直接操东西打人。

所以，兽性不能有，否则会慢慢地把你送入罪恶的深渊。很多家庭暴力就是因为野蛮和残暴的兽性得不到控制，结果上演了一幕幕妻离子散的悲剧。

一个性情残暴的人，他在社会上基本上是没有立足之地的，人们见到他，会不寒而栗，更不用说与他亲近了，尤其是那些曾经被他的残暴性格中伤过的人们。当残暴、野蛮的兽性肆虐时，好比往墙上钉钉子，自己感觉不到疼痛，但是墙却承受着巨大的痛苦。即便有一天钉子被拆下来了，似乎不再疼痛了，但是墙上却永远留下了伤痛的印记。

兽性是可以预防和控制的。当我们发泄心中的愤懑时，一定要采取恰当的方法，第一原则就是不能伤及他人。另外，在平时的生活中要注意磨灭自己残暴和野蛮的脾性，使自己的性格朝着温和的方向转变。

兽性是一定不能有的，否则就会落入惹火自焚的下场。

福从口出

从前，有位婆罗门收了个懒虫徒弟。如果早上不叫他，他至少得睡到日上三竿。这天，婆罗门照例去叫徒弟起床，见徒弟没反应，他就大叫道："你还睡，池塘里的乌龟都爬到岸上晒太阳来了！"

说者无心，听者有意，正巧外面有个人想抓些乌龟给母亲治病，听到婆罗门的话，他立即赶到池塘边，那里居然真的有许多乌龟在晒太阳。他轻轻松松地抓了几只乌龟，为母亲炖了汤，养好了病。为感谢婆罗门，他还专门送了些乌龟汤给婆罗门。婆罗门了解了事情的前因后果，对乌龟的死感到万分愧疚，于是发誓不再说话。

过了几天，这个婆罗门正在寺庙前晒太阳时，看见一位盲人朝池塘走了过去。他本想叫盲人别再往前走了，但想到自己的誓言，他最终决定保持沉默。

结果，盲人"扑嗵"一声踏进了池塘，等婆罗门醒悟过来，想要施救时，盲人已溺水身亡。

喋喋不休当然不好，但一味地保持沉默也不行。人们常说祸从口出，但历史上因为会说话，因舌得福的人也不在少数。之所以有幸与不幸两种结果，就在于前者能主宰自己的舌头，而后者则被舌头所主宰。

我们一贯奉行"沉默是金"。不错,沉默是一种修养,是成熟稳重的标准,是思考与内涵的外在表现。但是,生活中很多人沉默得过度了,不管什么时候,什么场合,总是一副默默不语的姿态。这肯定是不行的。人具有社会属性,需要交流,需要在交流中与形形色色的人建立各种各样的联系。

　　沉默的极端是喋喋不休,这也是缺乏智慧的表现,它会给人一种厌烦的感觉。说话是一门艺术,聪明的人注重说话的质量,而愚笨的人注重的则是说话的数量。我们当然希望自己说出去的话有分量,但是我们有时候不仅达不到分量,而且还经常祸从口出。

　　一个人善于言辞,会说话,口才好,就能把自己的工作生活安排得有趣而且愉快,不仅使自己快乐,也使他人快乐。在为人处世以及社会交往中,如果拥有迅速说服他人的好口才,就会赢得令他人羡慕的机遇,就会受到上司的赏识、同事的尊敬、下属的爱戴、客户的信赖。这就是福从口出。

　　有一个做推销的员工,特别懂得说话的技巧,知道在什么场合说什么样的话。在每个月的销售业绩中,他都名列榜首,因此获得了经理的青睐,一下子就晋升为销售部的主管。

　　说话的艺术能够把我们领向成功的道路,只要我们能主宰自己的舌头,而不是被舌头主宰,该沉默的时候就沉默,该交流的时候就交流,掌握要领,注重说话的质量,而不是一味地喋喋不休,絮絮叨叨。

不要一味地做老好先生

从前，有一个智慧超人的婆罗门，率领五百人出国旅行。他们在借宿于某村时，被当地的五百个强盗盯上了。强盗首领先是命令一个属下伪装成旅客的模样，打入五百人中，试图里应外合。

与此同时，强盗中有一个婆罗门的旧识，他不忍心婆罗门糊里糊涂地丧命，就偷偷跑去给他送信，说："今晚那群强盗要来偷袭你们，你还是趁早一个人逃走吧。我念在以往的交情上才来通知你，希望你不要让其他人知道。否则，我也救不了你。"

婆罗门听了老友的劝告，悲愤之余，既不敢叫嚷，也不敢哭泣，只有暗中叫苦。他心想："倘若把此事告诉其他人，虽然大家可以免于贼难，但是那位老友必遭他们杀害。那些杀人者必然会堕入三恶道，承受恶报。倘若默不作声，那些强盗必然会来杀死大家，那么强盗也会沦入三恶道，承受许多罪害。"他想来想去，最后，为救渡所有人，他决心牺牲自己。

于是他果断地提着刀杀死了那个伪装为旅客的强盗。众人看了异口同声责问他："婆罗门，你是个持戒的人，为什么无端杀死一个无罪的人呢？"

婆罗门听了，合掌对大家说："我没做什么坏事。我只是为了要拯救诸位和许多人，才做了坏事。"

"用杀生来救人,这不是强词夺理吗?"

"事实上,他是个无恶不做的强盗,如果不是他想害死大家,我也不会把他杀掉。因为我想让大家平安地回去,所以心甘情愿下地狱,承担恶报。"

同伴们听了非常感动,一起伏在地上高声喊叫:"世上没有比生命更宝贵的,也没有比不该死而死更可怕。何况世上所有的人,宁可不要金银、财宝、土地、妻子、衣服和食物,也要保住性命。现在你竟不惜生命来帮助我们逃生,叫我们如何报答才好呢?报答的途径,除了发心求悟以外,实在想不出其他办法。"喊罢,大家立即逃离了危险之地,上求佛道,唯有婆罗门一个人留在原地,说什么也不肯一起逃走。

不久,剩下的四百九十九个强盗准时到来,把婆罗门围困在当中。强盗头领指着伪装成旅客的强盗问:"是不是你杀的?"

婆罗门说:"是。"

"你是个持戒的人,为什么要犯杀人大罪呢?"

"我也知道自己犯了杀人大罪,但为了帮助众人逃生,不得不如此。同时,也为了要拯救诸位的性命,才杀死这个人。"

"你简直胡说,杀死我们一位伙伴,还说是为了救我们?"

"不错,虽然我知道诸位会来此,但是我默不作声,不曾向国王或任何人透露风声,倘若我传扬出去,结果会如何呢?难道你们还能活命吗?"

众强盗一听恍然大悟，大家面面相觑，喜不自禁，说："我们的性命多亏你相救。"然后众强盗向婆罗门合掌说，"我们应该怎样报答你呢？请你直说无妨。"

"请诸位好好记住，最好的报恩方法，莫过于抛弃一切坏心机，发心在佛道上求悟，这才是真正的报恩途径。"

强盗们立即跪倒在婆罗门面前，拜他为师，请他带众人修行无上菩提之道。

人们也应该明辨是非。除魔即是卫道，惩恶也即行善。所谓"放下屠刀，立地成佛"，是指的那些良心未泯的人。现实生活中也是如此，有些人就像古代的东郭先生，分不清善良与愚痴，一味地做老好先生，殊不知对"敌人"的仁慈不仅是对自己的残忍，也是对这个社会的不负责任。

古时候有一个叫东郭的人，在路上看见了一匹被追杀的狼，于是动了怜爱之心，将它收入布袋之中，使它躲过了一劫。事过之后，狼不仅没有心怀感激，还要吃掉东郭以充饥。

这则故事告诫我们，在帮助别人的时候要明辨是非。对于像狼这样的恶人，我们就不应该做老好先生，怜惜恶人只会留给恶人恩将仇报的机会，以至于后患无穷。

我们应该怀有仁爱之心，当别人落难的时候要不遗余力地提供帮助。但是，做"老好先生"也要看清对象。在现实生活中，存在着不少"东郭先生"式的问题，很多坏人靠骗取别人的怜悯之心来诈取钱财。对待这样的事情，如果我们都像东郭先生那样不辨是非地滥施同情心，不仅会让自己蒙受巨大的财

产损失和人身伤害,还会助长坏人为非作歹的嚣张气焰,危害社会的稳定。

老好先生固然有值得褒奖的一面,墨子就提倡"兼爱",主张施爱不分高低贵贱。但是这一传统思想也很容易把人们引入行为误区,同时也给那些骗取别人同情心的恶人以可乘之机。仁爱的恻隐之心并没有任何非议之处,这个社会永远都需要用爱的火花点亮每个黑暗的角落。没有爱,整个社会将一片漆黑,寸步难行。但是,盲目地施爱,一味地做老好先生也是缺乏理智的愚笨行为,它是对社会的不负责,对"敌人"的仁慈,对自己的残忍。

所以,我们帮助别人的时候,要擦亮智慧的双眼,明辨是非,看清楚什么样的人确实该帮助,什么样的人是在故作姿态来骗取你的同情心。

停下才有起点,放下意味新生

佛教初创时,尚有许多外道。有一天,一个外道告诉一个名叫殃崛摩罗的人,说只要能够集齐一千个大拇指,做成花冠,就可以做一国之王。

殃崛摩罗本就利益熏心、残忍好杀,听说能当国王,凶性更是一发不可收拾。没多久,他就杀掉了九百九十九人,集齐了九百九十九个大拇指。

就差最后一个拇指了,他离成功是如此之近,他几乎快疯狂了。于是,殃崛摩罗就想把自己的母亲杀掉,取得最后一个拇指。

佛祖在灵山上观照到了这个因缘,就想趁机渡化一下殃崛摩罗,于是他化成一个比丘,出现在殃崛摩罗的面前。殃崛摩罗见有外人在此,当下放开母亲,转而去追杀佛陀。

佛陀在前面慢慢走,殃崛摩罗在后急步追赶,却怎么也追不上。他就高声喊:“喂!比丘!停一下!停一下!”

佛祖回答道:“我已经停下很久了,是你自己停不住。”

闻听此后,殃崛摩罗突然大悟。他当下放下屠刀,投佛出家。

人生如果走错了方向,停下脚步就是进步。有无数条道路

可以到达梦想的彼岸,但是最近的只有一条。鉴于前方道路的未知性,谁也不能保证自己一直走在那条最近的道路上,因此我们需要时时刻刻审视与思考,发现自己走错时,就要立即停下脚步,如果继续将错就错,可能会绕圈子,回到原点,甚至南辕北辙,永远也无法到达梦想的彼岸。

古人对心的评语有"心猿意马"之说,心既如猿,意也似马,当真是半刻也不得安宁,又何时才能"停一下"呢?

行事也如此。正是因为"执迷"才会"不悟",只要能停一下,便会有觉悟的机会。停下,才可能去思考;停下,才会有新的起点;停下,就意味着新生。殃崛摩罗这样的大魔头都能停得下,我们也一定能停下。

我们在平时的工作中也要学会停下。停下才会有思考的机会,才能更好地总结前段工作中的失误,才能制定出更加切合实际的进取方案。马不停蹄的工作模式,似乎很有效率,其实不然,它很可能让我们在错误的方向上越走越远。不管我们做什么事情,一定要谨记:如果发现了错误,一定要止步!

放下也是一种人生智慧,懂得放下的人才能够轻装上阵,才会在一个轻松的环境中最大限度地发挥自己的聪明才智。放下也意味着获取,很多人不懂得"放下"的智慧,因而失去了更多。当我们放下那些劳累我们身心的琐琐碎碎时,会发现眼前的视线更加开阔了,天空也更加蔚蓝了。放下就意味着新生,一位创业人士经过一番闯荡之后失败了,向亲戚朋友借的钱也一下子化为乌有,之后一直生活在痛苦与崩溃的边缘,无法面对这个世界。经过他的家人的点拨和劝勉后,他放下了心中所有的顾虑,走出了困扰多时的阴影,愈挫愈奋,最后终于走上了胜利的领奖台。

　　停下才会有起点,放下意味着新生,这是生活教给我们的智慧。当我们发现错误后,要立即停下来,只有停下才能有整装待发的机会。当我们身心疲惫时,要懂得放下,放下才能够获得新生。

勇于承担错误，方显英雄本色

很久以前，雪窦寺有个小和尚，修炼非常刻苦，礼佛特别虔诚。

也许是沾了佛气的缘故吧，小和尚僧房前的泥土里，住着一条比小和尚更勤奋的蚯蚓，每天天不亮便起来啼叫。寻常人当然听不到蚯蚓的啼叫，但小和尚就听得到。他每天一听到蚯蚓啼叫便起床做功课，佛界的众罗汉们看了都纷纷赞叹，心知小和尚善缘不浅，日后必成正果，位列罗汉。

可惜好景不长，忽一日，小和尚突然厌烦了早起诵经，贪睡懒起。可恨那条蚯蚓还是照旧黎明即啼，每每打扰小和尚的清梦。于是小和尚怒心一起，手提半壶开水，烫死了那条蚯蚓。此事被方丈得知，立即下令小和尚自裁——去雪窦寺东南三里处的千丈岩舍身赎罪！

千丈岩，名副其实，悬崖足有千丈高。别说跳下去，就是偷看一眼，也会吓掉半条人命。小和尚站在千丈岩顶，泪如泉涌，哭得山响。

适逢附近村子里的屠夫杀猪卖肉完毕，路过此地，听到小和尚的哭声异常凄厉，屠夫虽杀猪为业，却也动了恻隐之心，便循声来到千丈岩边。

"小师父，何故悲啼？"屠夫施礼问道。小和尚一边哭，一边把前因后果告诉屠夫。

屠夫听罢顿悟，说："小师父，你只不过伤害了一条蚯蚓，方丈就命你跳崖自赎。我杀猪三千头有余，该当何罪？我看这崖，应该由我先跳！"

说时迟，那时快，屠夫纵身一跳，坠入千丈深崖！小和尚吓得一屁股坐到一块棱角尖利如刀的石峰上，竟也不觉得疼痛——只因眼前出现了奇迹：在屠夫跳崖的一瞬间，千丈岩底鼓乐齐鸣，祥云朵朵，托着那个跳崖的屠夫从峡谷中徐徐升腾而起，飘飘摇摇地向着天界而去！

"唉，刚才我要是先跳就好了！"小和尚后悔了。

原来，佛祖怜悯小和尚平日苦修，很是难得，所犯烫死蚯蚓之错误，如跳崖自赎，则更见其悔悟的决心，说明这小僧善根不浅，特派使者于千丈岩迎候。谁知小和尚贪生怕死，一念之差错过天机。

思前想后，小和尚哭啊哭，最后哭成了千丈岩顶的一块顽石。

这个故事看似强调的是"放下屠刀，立地成佛"，实质上却是在说，人非圣贤，孰能无过，罪孽并不是最严重的问题，最严重的是造了罪孽不肯忏悔！

泰戈尔有诗云："当你为错失月亮而流泪的时候，你也将错失满天的星斗了。"所以，当你为错一次良机而后悔不迭时，你要当心所有的良机都会被你错过。勇于承担错误，方显英雄本色。勇于改正错误，就迈出了进步的第一步。

在日常生活中，每个人都会犯各种大大小小的错误。"人非圣贤，孰能无过"，所以错误并不可怕，可怕的是我们回避错误，掩盖错误。

很多人不知道从错误中吸取教训，只是一味地逃避错误，以至于一错再错，就像滚雪球一样越滚越大，最后想改也改不了，有的甚至遗恨终生，造成不可弥补的损失。比如有些人看到别人偷税漏税一时没事，就去效仿；看到别人占公司的便宜甚至贪污都没出什么事，同样也效仿，这样胆子越来越大，可是"天网恢恢，疏而不漏"，最终等待的将是法律的严惩。

因此，我们犯错后一定要勇于承担，杜绝错误一而再，再而三地犯下去。

光是承认了错误根本于事无补，这只是走出了错误的第一步。我们还一定要提出切实可行的改正错误的方案和措施，这才是真正地勇于承担错误。除此之外，我们还要在错误中认真反思，因为犯错也是一种宝贵的工作经验。这种经验是生活中其他地方找不到的，唯有从错误中才能真正吸取教训。聪明的人就会利用错误不断完善自己，使自己变得更聪明。

有这样一个例子，一个地方建了一幢四十多层的大楼，一开始施工时地基就发生了问题，但是负责人却掩盖了这个真相。直到这幢大楼竣工后，相关部门检测出地基存在不稳固的情形，结果只能拆了重建，造成了极其严重的损失。也许那个负责人认为承认错误是很丢脸的事，但是纸是包不住火的，到那时才真的叫丢大了！

我们不要因为犯了错而成为懦夫，应该勇敢面对错误，并承担错误，这样才能显示出我们的英雄本色，才能在成功的道路上越走越远。

个人的荣辱得失算不了什么

有一天，一个武士手里攥着一条小鱼来到一休禅师的房间。

武士说："禅师，我们打个赌，你说我手中的这条鱼是死的，还是活的？"

一休说："是死的。"

武士听了哈哈大笑，手一松，说："你输了，你看这鱼是活的。"

一休淡淡一笑，说："是的，我输了。"

这种把戏怎么能瞒得了聪明的一休呢？一休之所以说鱼是死的，是因为他知道鱼的生命操在武士手中，如果自己坚持说鱼是活的，那么武士一定会暗中使劲儿，把鱼攥死，所以一休宁愿认输，也要救渡这条可怜的小鱼。一休输了打赌，却赢得了智慧和大爱。

人之所以成为万物之灵，在于人能超然于动物那种弱肉强食的丛林法则。人在理性基础上生成的道德良知，使人能够推己及人，敏锐地感受到弱者的不幸，并向其伸出救援之手。救渡危难中的性命，确凿地表明了人与动物之间的区别，显示了人的尊严与高贵，反映出人性的璀璨光芒。孟子说，看到一个小孩快要掉到井里去了，任何人都会近乎本能地把他拉住，而不会问这是谁家的孩子。

　　但是，当救渡别人的性命与你个人的荣辱得失相冲突时，你会选择什么呢？选择救渡性命，可能会耽误你争取荣誉的机会；但是，义无反顾地争取你的个人利益，一条活生生的性命可能会因为得不到你的救助而在顷刻之间殒失。先看看这样一个例子：

　　有个新闻人物叫凯文·卡特。1993年，他前往遭遇饥荒的非洲国家苏丹采访。有一天，他看到了一个令人震惊的场景：一个瘦得只剩皮包骨头的小女孩趴倒在前往食物救济中心的路上，再也走不动了。在她身后不远处，蹲着一只硕大的秃鹫，正贪婪地盯着地上那个奄奄一息的弱小生命。卡特本着艺术追求的目的立刻拍下了这个镜头。之后他的这张照片获得了大奖。同时人们纷纷质问：卡特为什么只顾拍照获得荣誉，而不去救那个小女孩？3个月后，年仅33岁的卡特自杀。在他的遗体旁，人们找到一张字条，上面写着："真的、真的对不起大家。"

　　卡特在他的遗言中深刻地忏悔了，因为他明白了与救人性命相比，个人的荣辱得失实在算不了什么。如果我们为了成全自己的个人荣誉而不管不问那些垂危的性命，我们与那些动物又有什么区别呢？

迷途知返的智慧

有一天半夜，七里禅师正在禅堂的蒲团上打坐，一个强盗突然闯进来，把锋利的刀子对准他的胸膛，恶狠狠地说："把钱都给我拿出来！不然要你的老命！"

"钱在抽屉里，你自己拿吧。"禅师平静地说，"但你要留下一点儿，寺里没米了，不留点儿，我明天会挨饿的！"

强盗哪管他挨饿不挨饿，拉开抽屉便取出了所有的钱，并且得意地说："算你识相，老秃驴！"

"拿了人家的钱，也不说声谢谢就走吗？"禅师说，"做人不要太贪心，要给别人多少留点儿东西。"

"谢谢。"强盗说完转身就走，但心里十分慌乱，因为他偷盗几十年还没遇到过这样的人。走了几步，他想自己确实不应该把钱都拿走，于是他又掏出一把钱放回抽屉中，才慌慌张张地逃走了。

没几天，这个强盗被官府捉住了。根据他的供词，差役押着他来到了七里禅师的禅院中对证。

差役问："几天前，这个强盗抢过禅师的钱吗？"

"他没有抢我的钱，是我给他的。"七里禅师说，"他临走时还说谢谢了，就这样。"

强盗被禅师的宽容感动了，他咬紧嘴唇，泪流满面，"扑嗵"一声跪在禅师面前，要求禅师收他为弟子。禅师一开始不答应,但这个强盗居然长跪不起,三日后,禅师终于收留了他。

禅师当然是个好禅师,但强盗也称上盗亦有道,虽然是禅师提醒在先。人生的歧途太多,误入歧途在所难免,但给你机会回头时,就不要一错再错了,否则铸成大错,罪大恶极时,法律不治你,老天也不容!

人非圣贤,孰能无过,过而能改,善莫大焉!一个人即使犯了错,只要能痛改前非,不再固执,这种人并不失为聪明之人。承认错误并不是自卑,也不是自弃,而是一种诚实的态度,一种锐意的智慧。

一次错误就是一次教训,改过自新,才能不断成熟起来。一错再错,会让你在原地不停地翻跟斗,尽管时间流逝了,但你却没有任何长进。

列宁曾说过:"聪明的人并不是不犯错误,只是他们在犯错误的同时能迅速纠正。"一个人难免犯错误,关键在于犯错之后是否能够严肃地对待错误,并改正错误。

法国伟大的思想家卢梭写过著名的《忏悔录》,有一句话是这样的:"把一个人真实的面目赤裸裸地暴露在世人面前,这个人就是我。"因此在《忏悔录》中,他直面自己的隐私,痛责自己的过错。他曾写道,自己少年当仆人,偷过主人家一条用旧的丝带,主人发现后,他在众目睽睽之下,将此嫁祸于诚实的女仆玛丽,破坏了她纯洁、善良的名声。

那时的卢梭是可恶的,自己偷东西还嫁祸于人,但后来他

仍受人敬重,为什么呢？这就是因为他能迷途知返,勇于承认错误,并能及时改正错误,而不是一味地掩饰。

犯错并不可耻,回避错误,掩盖错误才是最大的耻辱。正视错误并勇于改正是对自我的检讨与修正,是对灵魂的拷问与升华。我们犯错后一定要深刻地检讨自己,迷途知返,不要一错再错,这样才能开辟出更广阔的道路。

第八章 慈悲之心成就别人，更能成就自己

只顾自己的人不足以成大器

　　黄檗希运禅师是百丈怀海禅师的徒弟，有一次他游至天台山时，路遇一个行脚僧人。二人一见如故，便一起同行，但黄檗总觉得这个人的举止有点奇怪，至于到底是哪里奇怪，却又无法具体指出。

　　直到有一天，二人走到一条河边时，正逢河水暴涨，那人却叫黄檗与他一起渡河，黄檗便说："水这么急，怎能渡得过去？"

　　那人不以为然，提高裤脚，像在平地上行走一样飘然走到河面上，边走边回过头说："来呀！来呀！"

　　黄檗便叫道："嘿！原来你是个自了汉。如果我早就知道的话，看我不把你的脚跟砍断！"

　　那人听了黄檗的话非但没有恼怒，反而叹道："你真是个有大作为的佛子，我不如你啊！"说完他便消失在了山道上。

　　何谓自了汉？说通俗点儿就是只管自己不管别人。

　　再说通俗点儿，即使那位云游僧人修炼了"水上漂"的神通，对大众又有何益处呢？而黄檗禅师虽然不具神通，但却有一颗救渡世人的佛心，光是这份心，就已经难能可贵了。

　　其实，"拔一毛而利天下，吾不为也"的作风，做人也不能成功。那些光知道养自己的池鱼，连城门失火都不闻不问的人，非但永远脱不出池鱼的宿命，而且还难保有一天变作烤鱼。

随着知识经济时代的到来，各种知识、技术不断地推陈出新，竞争日趋紧张激烈，单靠个人能力已经很难处理各种错综复杂的信息并采取切实高效的行动，所有这些都要求成员之间相互依赖，相互合作。

单枪匹马的人很难在当今社会中赢得一席之地，明白这个道理的人才不会让自己陷入孤立无援的境地。在生活中，很多人只顾自己，有什么好事总是一个人独吞，看见别人遇到了困难，也不前去搭救，总是一副"各人自扫门前雪，休管他人瓦上霜"的姿态。很显然，这类人是不懂得互帮互助与合作之道的。我们生活在一个集体中，就应该充分地融入其中，而不是以一个局外人的身份独立出来。如果处处只想着自己，只顾着自己，就不可能领略到集体的强大力量，也不可能与集体一起共同进步。

一堆沙子是松散的，可是它和水泥、石子、水混合后，比花岗岩还坚韧。这充分说明了个人力量是十分有限的。如果水泥、石子、水都只顾自己，那么它们永远也不可能感受到团结后的强大力量。

有这样一则寓言：草丛里燃起了熊熊烈火，所有的动物都安全逃离。一向动作灵敏的蚂蚁们在这时却显得有点笨拙。那些成千上万只正在"运货"的蚂蚁，在野火烧来之际，为了逃生，终于做出了一个令人震惊的举动：众多蚂蚁迅速拢成一团，像滚雪球一样飞速滚动，逃离火海。

这也显示出了团结的力量。假如蚂蚁们在危难之际想到

的都是自己,只顾自己逃生,最终只能在大火中丧生。把这个道理延伸到生活中便是:一个只顾自己的人,终究难成大器。所以,我们不能只顾自己,要心中有他人,这样才能赢得别人的关爱,才能携手并进,共同进步。

真正觉悟的人不在乎名利

有一天,一休禅师在河边散步时,遇到一位虔诚的信徒,看到信徒神情黯淡,有投河自杀的迹象,一休便走上去,开导他说:"你为什么想不开?"

信徒回答说由于欠债太多,家徒四壁,准备一死了之。

一休点点头,说:"那也不必自杀啊!你未必就到了山穷水尽的地步——你家里还有什么?"

信徒痛苦地说:"没有了!除了一个年幼的女儿以外,我已经别无所有了!"

一休灵光一闪,说道:"哦!我有办法了,你可以把女儿嫁人,找个乘龙快婿,帮你还债呀!"

信徒摇摇头,失望地说:"师父有所不知,我女儿刚满8岁,怎能嫁人?"

一休说:"怎么不能嫁人?你就把女儿嫁给我吧!我做你的女婿,帮你还债!"

信徒大惊失色,说:"这……这简直是开玩笑!您是我的师父,又是出家人,怎么能做我的女婿?"

一休胸有成竹地挥挥手说:"要帮助你解决问题啊!好啦!你赶快回去宣布这件事,快去!"

信徒虽然半信半疑,但早已打消了自杀的念头。到了迎亲那天,看热闹的人挤得水泄不通。一休吩咐信徒在门前摆好桌椅,放上文房四宝,径自写起了书法。一休

219

的书法可是可遇不可求啊，人们见了争相购买，反而忘了今天是来看热闹的。结果不一会儿，卖书法的钱就积累了许多。

这时，一休问信徒："这些钱够还债了吗?"

信徒欢喜地连连叩首："够了! 够了! 师父您真是神通广大，一下子就变出这么多钱来! "

一休挥挥手，叫信徒起来，说："好啦! 问题既然解决了，我就不用做你的女婿了，我还是做你的师父吧! 再见! "

只要以善为基础，无论怎样帮人都行。当然，帮人也有技巧，而一休的技巧就在于深谙舍得之道，表面看来他舍得是自己不可多得的书法艺术，但是怎么把人们聚拢来呢？没奈何，一休只得舍弃自己的清誉——要知道，说话不算，在世人的眼里可是骗子的行为啊! 我们总是说，真正觉悟的人是不在乎名利的，其实也不尽然，我们所说的那种名是浮名，不是清名，清名得来更为不易，因为群众雪亮的眼睛时刻都在关注着他们的一举一动，而一休禅师为了帮助信徒连清名都无所谓，当真是无上的觉悟和大慈悲。

真正善良的人心中永存善念，眼睛里看到的是别人的困难，心里想到的是如何帮助别人，因而他们的心灵是一片净土，不受社会上名利之争的困扰。在他们看来，名利如同烟灰，纵使曾经苦苦追求，却终会随风而去，了无痕迹。

然而名利总是垂青于那些不在乎名利的人。正是因为他们慈悲为怀，帮助别人的时候，舍己为人，不图回报，人们才记着他，念着他。在人们心中他是一座丰碑，人们敬仰他；他是一棵大树，留给人们阴凉。因此，他拥有着崇高的威信，人们甘愿效力于他的麾下。尽管他从来无所欲求，但是，他曾经帮助过的人们会回馈他，会封他为"活雷锋"，这已经是一种名利了，而且名副其实，受之无愧。

雷锋在世时，不拿群众一针一线，舍己为人，从来不奢求任何回报，他现在不是一直活在人们的心中吗？雷锋算得上一个真正伟大的人，不在乎名利，却拥有了崇高的荣誉。

帮助所有能够帮助的人

唐代的无相禅师本是新罗国太子,他看破红尘后,来中国拜禅宗五祖弘忍的再传弟子处寂为师,开创了四川净众宗一派,他所兴建的大慈寺,时至今日仍然香火鼎盛,香客如云。

有一次,寺院附近村子中的一个农民请无相禅师超渡自己的亡妻,并问妻子能从这次佛事中得到多少好处。

无相说:"佛光普照,犹如阳光遍照大地,一切有情众生无不得益。"

农民听了之后却不满意,说:"大师!我妻子生前非常娇弱,请你单独为她超渡吧!要不然其他众生会占她的便宜,把她的功德都夺走!"

无相开导他说:"天上一个太阳,万物皆蒙照耀;土里一粒种子,终生果实万千。一根蜡烛可以引燃千万根蜡烛,光亮何止增加万倍?而且,最初点亮的蜡烛并不会因此减少光明,施主又何乐而不为呢?"

农民想了想,说:"您说得很对。但我的一个邻居经常欺负我,所以请您务必把他排除在一切有情众生之外!"

无相见他如此顽固,便以严厉的口吻说道:"既说一切,哪有例外?"

农民听后若有所得,不再坚持。

太阳普照万物，无一例外。一灯照耀暗室，举室通明。只有相互照应，相互呼应，才能相互促进，彼此得益。同样，也只有心胸狭隘之人，才会说出诸如"不让他人沾光"等狭劣之语。如此看来，农民经常受邻居欺负，倒也并非没有原因。除了人际关系一塌糊涂之外，这样的人，也难以承受福德。

"金无足赤，人无完人"，每个人都有缺陷，我们不能因为别人犯了错而处处排斥他，孤立他。一个犯错的人纵然可恨，也应该受到惩罚，但是惩罚之后如果还一如既往地仇视他，未免有失公平。

对待犯错的人，我们应该帮助他，跟他讲道理，使他意识到自己的错误，从而真心悔改。如果一味地仇视，用异样的眼光鄙视他，会让他产生自卑的心理，自卑到极致，很容易滋生报复的情绪，结果一错再错，变本加厉地错，最后毁了自己，又伤及无辜，连累周围的人。

有个青年自小父母离异，跟爸爸一起生活。由于爸爸做生意很忙，很少关心他的成长。结果他过早地跟社会上的人混在了一起，经常夜不归宿，还干一些损人害己的勾当。爸爸知道后就是一顿毒打，从不用正确的方法教育他，也没有其他人正确地指引他、教育他，结果他越来越离经叛道，最后走向了犯罪的深渊。

我们应该认识到帮助的力量。对于犯错的人，要用正确的方法疏导他、帮助他，如果不管不问，其结果就会像那个青年，落入不可收拾的境地。

一个人犯了错误，就像疾病染身，必须及时医治，否则会越来越严重，原本小的错误会像滚雪球一样，越滚越大，最终成为不治之症。所以，当我们发现别人犯错后，应该心怀善意，及时帮助，指引他走向正确、宽广的大道。

做一个忍辱负重的人

　　有一段时期,白隐禅师隐居在一个小村庄里,附近的村民纷纷皈依在禅师座下。其中有一位权势高贵的将军,全家大小数十人,都皈依了禅师,笃信佛教。

　　真是"天有不测风云",冬去春来,将军的漂亮女儿突然未婚先孕了! 将军认为女儿败坏了家风,怒不可遏,逼问女儿孩子的父亲是谁,并扬言要将二人打死。这样一来,女儿更不敢说了,想到师父慈悲,或可有救,于是一口咬定孩子的父亲是白隐。

　　将军听了更加气愤,立即带人闯入寺中,不问青红皂白,把白隐打得头破血流,然后指责白隐枉为人师,人面兽心等等。将军不断叫骂,白隐听明白了其中的隐情,但他并不辩解,只说了一句:"是这样吗?"好像此事根本与自己无关。

　　将军打也打了,骂也骂了,只得带人离去。

　　后来,小姐生下了孩子,将军余怒未消,再次去找白隐的麻烦,他把婴儿丢在寺中,对白隐说:"这是你造出的孽种,你好好抚养他吧!"

　　白隐慈悲为怀,不忍心见婴儿饿死,他每天抱着婴儿四处向人求奶,不顾名誉扫地,听尽冷讽热嘲,一心照顾这个幼小的生命。

　　那么,孩子的父亲究竟是谁呢? 原来,他是一个贫寒的年轻人,小姐与他相爱已有多年,只因害怕父亲不承认这个女婿,小姐才没敢说出真相,于是诬陷白隐。转眼过了一年,小姐再也无法忍耐思念孩子的痛苦,而且继续跟恋人暗中来往终究不是长久之计,最后二人拼得一死,将真相告诉了将军。将军听后大惊失色,羞愧得无地自容,于是带领全家老少赶往寺中,一齐跪在白隐禅师面前,痛哭流涕,哀求忏悔,要求将孩子领回。

可是,无论将军一家怎么忏悔,白隐依然像当初面对指责时那样平静,好像一切根本不曾发生,只是在把孩子交给将军时,淡淡地说了一句:"是这样吗?"

"是这样吗?"——一句简单的话,却包含了禅师无限的慈悲和宽容。拥有这样的修为,人世间,又有什么样的魔墙不倒塌,什么样的利刃不断折,什么样的仇恨不度化?想想我们遇到过的挫折或耻辱,比之白隐禅师,又算得了什么?

能在各种困境中忍受屈辱是一种能力,而能在忍受屈辱中负重拼搏更是一种本领。小不忍则乱大谋,凡成就大业者莫非如此。也正因为这样,我们才需要学会和敢于忍辱负重。

我们每个人的生活都不可能一帆风顺,总会遇到一些这样或那样的不平事、烦心事,遇到这些事怎么办?是慷慨陈词,还是针锋相对,抑或是选择逃避?其实,这些事有时也只是晴天中的暴雨,大海中的急流,稍纵即逝,只要我们能够学会忍一时之"辱",相信阳光依然会露出灿烂,大海依旧会归于平静。

小张在一家房地产公司上班，单位效益、待遇都还不错，有一次，因工作没按时完成，他被直接领导骂了一通，原本这是很正常的一件事，小张却受不了，心想，一时没完成工作应该是情有可原的，领导这样不分青红皂白地骂我一顿，一点儿都不尊重人，心里越想越气，气愤之下，就甩手辞职不干了。后来，小张又换了几个单位，均不理想，而且几乎千篇一律地是因为受不了一时之气，愤而离职的。

小张的最大失败在于不能忍一时之气，受不得半点委屈，这样的人在职场上很难做到游刃有余。

因此，当我们在工作中受气时，要懂得如何化解因受气而激起的怨气，学会分析和判断自己受气的原因，并试图改正。同时也要学会宽容，也许别人是因为他们自己也在气头上，才不经意给你气受，事实上并非出自本意。

时刻怀有慈悲之心

民国初年，中华大地上军阀割据，生灵涂炭。有一年，一位高僧受某大帅"邀请"，前往帅府赴宴，席间，高僧和徒弟发现有一盘素菜里竟然有一块猪肉！好险，差一点就破了戒了！想到这儿，高僧的徒弟就故意用筷子把那块猪肉翻出来，而高僧却立刻用自己的筷子把肉用菜盖了起来。徒弟以为高僧还没发现，于是不一会儿再次把猪肉翻出来，打算让大帅看到，高僧则再度把肉遮盖了起来，并且在徒弟的耳畔轻声说道："如果你再把肉翻出来，我就把它吃掉！"徒弟听了，再也不敢把肉翻出来了。

吃完饭，高僧又与大帅讲述了一些佛法，便告辞了。归寺途中，徒弟不解地问："师父，今天那个厨子明知道我们出家人不吃荤，为什么还把猪肉放在素菜里？我只是想让大帅知道，处罚处罚他而已。"

高僧说："每个人都会犯错，无论是有心还是无心，如果大帅看见了猪肉，盛怒之下把厨师枪毙或者严重惩罚，这些都不是我所愿的，所以我宁愿把肉吃下去。"

徒弟连连点头，牢牢记在心中。

时时怀有一颗善良之心，就是要处处为别人着想，将心比心，宽容地对待别人的无心之过。

替别人着想,是一种博爱。我们生活在一个人与人紧密相连的世界,我们的生活总会直接或间接地影响到别人,同时,也会受到别人的影响。懂得生活,懂得为别人着想,以一颗善良之心对待人与人之间的摩擦和矛盾,我们才能融洽相处,快乐地生活。

有一位心怀善良的平凡员工,不仅在工作上勤勤恳恳,而且乐善好施,当同事身处不幸时,他总是不遗余力地提供帮助,在精神上也给予很大的安慰与鼓励。因此,在优秀员工评比中,她被选举为党员示范岗,赢得了大家的一致认可。

这个实例告诉我们,当你以善良之心对待别人时,别人同样会回馈你以善良。所以,为了我们共存的幸福家园,我们都应该点亮心中善良的火焰,让彼此之间的关爱汇成一条小河,在你我的心中流淌。

以一颗宽容的善良心肠谅解别人的无心之过,也是一种幸福。我们饶恕别人,不但给了别人机会,也取得了别人的信任和尊敬,这样才能够与他人和睦相处。以宽容为基础的善良,是一种看不见的幸福,更是一种财富。拥有宽容,就拥有一颗善良、真诚的心。

生活中有很多人看见别人落难后,总是摆出一副旁观者的姿态,不仅不乐善好施,还幸灾乐祸。当身边的人一个一个地疏远他的时候,他才恍然大悟,原来这个世界需要用温情来保驾护航。所谓温情,就是以一颗善良心传递温暖与厚爱,宽恕别人犯下的无心之过,留给别人下台阶的余地。这样你才会受到他人的爱戴,才能在你生活的集体中树立崇高的威信,才能在人生的道路上迈开自信与坚定的步伐。

救苦救难

宋朝时，日本的明庵荣西禅师曾几度来中国参禅，最终心开得悟，得授临济宗心印。回国后，他建立了日本最早的禅寺建仁寺，被后世禅宗奉为日本禅宗的开山祖师。然而他刚回日本时禅宗作为新兴宗派，一时之间不仅难以被大众所接受，还受到了其他传统教派的倾轧、排挤与压迫。所以，荣西禅师所住持的建仁寺信徒寥寥，举步维艰。

一日，一位面黄肌瘦、精神憔悴的中年汉子来到寺院，向禅师哭诉："大师慈悲，救救我们一家吧……我上有老人、下有小孩，已经四五天没有开火了，眼看老人和孩子就要活活饿死……"

真是忧愁偏向愁人说，说向愁人愁更愁。建仁寺的僧人们也饿得眼冒金星，恨不得将泥土当成面粉吃，哪里还有能力救济这个可怜的穷人呢？

但无能为力、束手无策的荣西禅师不甘心，急得在大殿里转圈圈。忽然，他发现每当自己转到佛像前面时，总能感受到闪闪的亮光——那是刚刚装饰在药师佛像后面的背光片在折射长明灯的光芒。禅师毫不犹豫，马上爬上佛龛，将佛像上的铜质背光片卸下交给那个穷人，说："实在对不起，寺里一粒粮食也没有，能变卖的东西也只有这个了，你去用它换些食物吧。"

穷人还没感谢，荣西的大弟子早已扑嗵一声跪在脚下，说："师父，这些背光片安装在佛像上，就不是普通的铜片了！它象征着神圣的佛光啊！亵渎佛像，盗用佛物，是大不敬，要下十八层地狱的！"

禅师冷静地说："你说得很对，如果我们无故私用圣物，的确是犯大戒，应该受到严厉的果报。但是你应该知道，佛陀也曾经多次割舍自己的血肉、手足、眼睛甚至生命，用来救渡众生。这些绝对不仅仅是传说，而是我佛大慈大悲的真实体现。所以，为了拯救濒临饿死的人，纵然将整座佛像熔化，也完全符合我佛普渡众生的心愿。再说，就算今天因擅用佛物而要背因果、下地狱，老僧也心甘情愿。"

卖佛救饥故事体现出的是禅师的慈悲心肠，警醒我们要乐善好施，当周围的人遇到困难的时候，要毫不吝啬地伸出援助之手。

赠人玫瑰，手留余香。禅师因行善而修行高远，我们也会因救助他人而变得高尚。"一方有难，八方支援"，是我们中华民族的传统美德，我们每个人都应该积极地成为"八方"中的"一方"，解救身陷困难的人们。

人人都需要帮助，所以人人都应该帮助他人。心怀慈悲、助人为乐是公认的最可赞赏的品质。一个助人为乐的人，才是一个真正的人。他不拘束自我，在道德的天平上，他的砝码最重；在历史的明镜前，他的身影最长。

助人为乐是美德，它荡涤了私心杂念的尘垢，像金子一般，像水晶一般，它的光辉永不磨灭。助人为乐的光辉在每个人的心目中都是闪亮的。然而却有不少人，不愿让它的光辉渗入自己的言行举止，"事不关己，高高挂起"的观念支配着他们的思想，他们永远也不会体会到助人的愉快，因而灵魂得不到洗礼，情操得不到升华。

我们并不是倡议大家要像"买佛救饥"那样卖掉家当去帮助别人，而是意在强调要实实在在地行善，心怀善良，帮助困难的人们渡过难关。

在现实生活中，很多人更多的是需要精神上的帮助，而这往往被人们忽视。有时候，一个微笑，一个拥抱，一句鼓励会给困难的人以莫大的安慰，从而备感温暖，激流勇进。总之，不管什么时候，助人为乐的高贵品质在历史的长河中永不褪色；在社会的舞台上，永远熠熠生辉。

以善良的心去体谅一切

　　唐代的无际大师曾经为世人开出一副著名的《无际大师心药方》，全文如下：

　　凡欲齐家、治国、学道、修身，先须服我十味妙药，方可成就。

　　何名十味？慈悲心一片，好肚肠一条，温柔半两，道理三分，信行要紧，中直一块，孝顺十分，老实一个，阴骘全用，方便不拘多少。

　　此药用宽心锅内炒，不要焦，不要燥，去火性三分，于平等盆内研碎，三思为末，六波罗蜜为丸，如菩提子大，每日进三服，不拘时候，用和气汤送下。果能依此服之，无病不愈。

　　切忌言清行浊，利己损人，暗中箭，肚中毒，笑里刀，两头蛇，平地起风波。以上七件，速须戒之。

　　以前十味，若能全用，可以致上福上寿，成佛作祖。若用其四五味者，亦可灭罪延年，消灾免患。各方俱不用，后悔无所补，虽扁鹊卢医，所谓病在膏肓，亦难疗矣！纵祷天地，祝神明，悉徒然哉！况此方不误主雇，不费药金，不劳煎煮，何不服之？

　　无际大师的心药方，称得上修身养性的神仙方。神就神在其中的十味妙药：

"慈悲心一片"，是要我们心中存一片慈悲。所谓无缘大慈，同体大悲，不论对这个世界，还是对这个世界上的每个人，都要以一种慈悲的关切心去体谅一切。这也是我们做佛做人修身养性的总基底。

"好肚肠一条"，便是说我们平时做人行事，都要遵从良心的指引，要心地善良，大肚能容。好人能心安理得地生活在这个烦扰尘世上。好人永远不会受到良知的谴责，永远都没有内心的煎熬，永远都快快乐乐地活在红尘之中。

"温柔半两"，是指我们待人接物的时候要谦虚谨慎，而不是一味地逞强好胜。拥有半两温柔，保有一份亲和，能够让我们更好地融入这个社会，也能够让别人更愉快地接受我们。

"道理三分"，就是说我们遇事应该做到对事不对人，要讲道理。讲道理的人，便不会尴尬，更不会恼羞成怒，总能从容应对，把握分寸。

"信行要紧"，刘备说过："自古皆有死，人无信不立。"人活在这个世界上，都是要讲诚信的。一个人讲诚信，才能获得别人乃至整个社会的信任，否则就失去了做人的资格。

"中直一块"，就是说为人处世要中正直行，不能走歪门邪道，不能有奸懒馋滑坏邪之心。正道直行的人，才会坦坦荡荡，才能真正洒脱从容。

"孝顺十分"，牛羊尚有跪乳之情，我们对生养自己的父母更要竭尽孝道。哀哀父母，生我劬劳，作为子孙的我们没有理由不去孝顺他们。让自己的父母安安静静地终老天年，是每一

个子女应尽的义务。

"老实一个"，做人老实，为人诚实，才会心里踏实。整天招惹是非、天马行空的人，是不会有好日子过的。但一切都是他们自找的，为什么不好好地做一个老实之人呢？

"阴骘全用"，阴骘就是阴德，阴德就像自己的耳鸣，只有自己知道。也就是说，我们要时时刻苦善积阴德，多做好事，不求为人称颂，但求助人为乐。

"方便不拘多少"，与人方便的也就是给自己预备方便之门。勿以善小而不为，勿以恶小而为之。在这个社会上，不管是给别人多少方便，其结果都是给自己方便，因此何乐而不为呢？

找齐了以上十味奇药，然后心中宽宏、常念平等、一团和气，遇事三思而行，自然就能够修身养性。

以一颗善良的关切心去体谅一切，是我们修身养性的基础。生活中处处需要体谅。体谅，如心灵的桥梁，它使我们彼此之间更加信任、理解，彼此更加亲密、友善。

在日常工作和生活中，家庭成员之间、上下级之间、同事之间，难免产生一些误会和矛盾。有时，是非对错并非泾渭分明，甚至原本就没有谁对谁错，只是各自的立场和角度不同而已。在这种情况下，解决问题的最好办法，就是体谅他人的难处。

体谅他人的难处，其实就是以责人之心责己，以谅己之心谅人，站在对方的角度思考问题，考虑他们的感受。在非原则问题和无关大局的小事上，要学会体谅和宽容，善于妥协和让步。这样，就能够与他们心息相通，消除怨恨，化解矛盾，融洽感情，加强团结。

有这样一个有趣的例子:

妻子正在厨房炒菜。

丈夫在她旁边一直唠叨不停:"慢些,小心!火太大了,赶快把鱼翻过来,快点。快铲起来,油放太多了!快把豆腐整平一下!"

"哎呀!"妻子脱口而出,"我懂得怎样炒菜!"

"我知道你当然懂,太太。"丈夫平静地答道,"我只是想要让你知道,我在开车时,你在旁边喋喋不休,我的感觉如何?"

这个例子告诉我们,要站在对方的角度体谅他人的感受。

体谅,如天空的白云,将蓝天点缀得更为美丽,它同样也使你的内心更美。在体谅他人的同时,善良、友好的种子在你的心中也随着生根发芽!

对自己负责，才是对别人负责

漆黑的夜晚，一个远行寻佛的苦行僧到了一个荒僻的村落中，漆黑的街道上，络绎的村民们你来我往。

苦行僧走进一条小巷，他看见有一团晕黄的灯从静静的巷道深处照过来，

一位村民说："瞎子过来了。"瞎子？苦行僧愣了，他问身旁的另一位村民：

"那挑着灯的人真是瞎子吗？"他得到答案是肯定的。

苦行僧百思不得其解。

一个双目失明的盲人，他根本就没有白天和黑夜的概念，他看不到高山流水，也看不到红桃柳绿的世界万物，他甚至不知道灯光是什么样子，那他挑一盏灯岂不令人可笑吗？

那灯笼渐渐近了，晕黄的灯光渐渐从深巷移游到了僧人的鞋上。

百思不解的僧人问："敢问施主真的是一位盲人吗？"

那挑灯笼的盲人告诉他："是的，自从踏进这个世界，我就一直双眼混沌。"

僧人问："既然您什么也看不见，那为何挑一盏灯笼呢？"

盲人说："现在是黑夜吗？我听说在黑夜里没有灯光的映照，那么满世界的人都和我一样什么也看不见，所以

我就点燃了一盏灯笼。"

僧人若有所悟地说:"原来您是为了给别人照明?"

但那盲人却说:"不,我是为我自己!"

"为您自己?"僧人愣了。

盲人缓缓向僧人说:"您是否因为夜色漆黑而被其他行人碰撞过?"

僧人说:"是的,就在刚才,我还不留心被两个人碰了一下。"

盲人听了,深沉地说:"但我却没有。虽说我是盲人,我什么也看不见,但我挑了这盏灯笼,既为别人照亮了路,也更让别人看到了我。这样,他们就不会因为看不见而碰撞了我。"

苦行僧听了,顿有所悟。

他仰天长叹说:"我天涯海角奔波着找佛,没想到佛就在我身边。原来佛性就像一盏灯,只要我点燃了他,即使我看不见佛,佛也会看得到我。"

故事就是这样的简单,却仿佛一瞬间点燃了我们内心深处某块漆黑的地方。

在生活中,热爱珍惜身边的一切,我们就会感受到那回馈来的温暖与快乐!

工作中, 要得到别人的尊重,首先要尊重自己的所言所行! 对自己负责,才是对别人负责!

我们生活在这个世界上,需要对家庭负责,对工作负责,

对社会负责,等等。责任心是一个人走向成熟的标志。然而,对自己负责才是拥有责任心的第一步。

一个人如果对自己不负责,经常出入于灯红酒绿之地,整天醉眼蒙眬,酒气熏天,对家庭不管不问,对工作玩忽职守,会很容易走上放任自流的道路而无法自拔,最终失去个人存在的价值,就更不必说对别人负责了。

有人说:"你最大的责任就是把你这块材料铸造成器。"其言外之意是,人首先要对自己负责。如果不对自己负责,又何谈对他人、对家庭、对社会负责呢?

然而,社会上存在着许多无法对自己负责的人,他们纵容自己,在违法犯罪之前,未曾想到恶劣的后果,结果撇下家人,无法尽到应尽的义务,最终悔恨终身。

在某种程度上说,我们对自己负责同样是在履行社会义务。自己负责任的行为会给周围的人带来正面影响,也就是对他人负责。

我们是社会的一分子,我们的一举一动都会影响着整个社会和他人。我们要自爱,不做危害社会的事情,自己做好自己的本分,管好自己,对自己负责。

我们只有先对自己负责,然后才有能力去对别人负责。就像你要去扶一个人,你得自己先站稳了,自己都没站稳你不是拉着别人一起摔跤么?所以,为了更好地对我们身边的人负责,还是先严于律己,管好自己,对自己负责吧!

不要对别人的过错耿耿于怀

富楼那尊者是佛陀的十大弟子之一。有一次,佛陀派他前往一个野蛮、粗暴、阴险、狠毒的国度传播光明。出发之前,佛陀把他叫来,问:"和尚,如果那些人谩骂、讽刺你,你会怎么想?"

"他们都是好人,因为他们只是骂我,并没有打我。"

"如果他们动手打你呢?"

"他们仍然是好人,因为他们只是打了我,却没用刀剑刺我。"

"如果他们用刀剑呢?"

"他们依然是好人,因为他们毕竟没有杀了我。"

"如果他们要你的命呢?"

"那……他们更是好人,因为他们使我得到了解脱。"

佛陀微笑着说:"富楼那,你说得很对。去解脱他们吧,因为你自己已经得到了解脱。去排除他们的苦恼吧,因为你自己已经排除了苦恼。引导他们到涅槃之路,因为你自己已经进入了涅槃。"

大道本无道,厚道为至道!真正的大爱,是没有任何前提的。真正的快乐,只能来源于厚道、慈爱、心灵解脱的生活。我们不仅要做一个好人,还要做一个成熟的好人。我们必须明

白,正是因为社会上缺少关爱,人间才更需要我们的爱心。

然而,在现实生活中,总有那么一些人,心胸狭隘,小肚鸡肠,处事总是持"宁可我负人,不可人负我"的态度,对别人的不是,总是斤斤计较,毫发必争,结果往往使一丁点矛盾儿进一步恶化,闹得不可开交。

我们常常抓住别人小小的过错不放,心中填满了对别人的怨恨,进而想着怎样报复人家,结果常常使自己生活在苦恼中,闷闷不乐,郁郁寡欢,失去了生活应有的快乐。报复是把双刃剑,在伤害别人的同时,也会划伤自己。有个青年总是愤世嫉俗,在学习、生活、工作中遭遇了许多误解和挫折,由于得不到别人的理解,渐渐地养成了以戒备和仇恨的心态看待他人的习惯,总是对别人的小错误斤斤计较,耿耿于怀,仇恨那些不理解自己的人,结果人际关系十分紧张。在压抑郁闷的环境中,他感觉整个世界都在排斥他,因此度日如年,几乎要崩溃。

这告诉我们,要想生活中永远拥有安静和欢乐,永远不要去尝试报复我们的仇人,否则,受到更深伤害的只有我们自己。我们要以一颗爱心容宽恕别人的过错,不要对别人的过错耿耿于怀、念念不忘,给别人一个机会的同时也让自己得到解脱。生活的路,因为有了大度和宽容,才会越走越宽,而思想狭隘,则会把自己逼进死胡同。

助人一次,胜似诵经十年

一个饥荒之年,不愿坐吃山空的老禅师带唯一的徒弟下山化缘,归途中遇到一个饿得奄奄一息的老汉。老禅师当即命徒儿留下些干粮和银两给老汉,徒儿有些不情愿。

老禅师便开导他说:"生死和功德都在一念之间,这些银两和食物对这位老施主来说是救命之物,虽说我们化缘不易,但没有它们暂时还能维持生计。"

徒弟似懂非懂,说:"师父的教诲弟子会永远铭记于心,有朝一日,待弟子振兴寺庙、财粮广积,定要发大善心,救助穷苦百姓。"

老禅师听罢,轻轻摇摇头,叹了一口气。

几年后,老禅师油尽灯枯,圆寂前他把一本经书交到徒儿手中,动着嘴唇却没能来得及说出最后的忠告。

徒弟继承了老禅师的衣钵后,非常努力,破旧的小庙不断扩建,钱粮也越积越多。徒弟心想,等我再把寺庙稍微扩建一番,一定谨遵师父的教诲广济百姓。可是,等寺庙颇具规模后,他又想,还是等庙宇更具规模后再行善吧。时光荏苒,转眼徒弟也步入了老年,不仅寺庙殿壁辉煌,还有了从属的数百亩良田,座下弟子数十人。

临终前,徒弟忽然记起了师父留下的那本经书,当小弟子为他翻开扉页,但见经书上赫然写着老禅师当年未及点明的忠告——助人一次,胜似诵经十年。

世人但知及时行乐，却很少有人知道及时行善。其实帮助别人并非要等到自己有足够的能力后才去为之，要知道力所能及的援助才有着更为深刻的意义。否则，像故事中的徒弟一样，庙宇再大，钱粮再多，也不过是徒增对佛法的亵渎而已。从明天起，从我做起，希望大家都能及时行善，处处慈悲。

行善及时才是真正的助人之道。别人遇到困难时，毫不犹豫地提供救助才是内心善良的真情流露。那些认为非要有足够的能力后再去行善的人，只不过是在找借口推脱而已。

"帮助"一词没有量的大小，因为爱心是不需要称量的，尽自己最大的能力去救助，你就是一位高尚的人。

有的人说："等到我有足够的财富，我就开始帮助救人。"然而，财富永远也无法让他满足，也不"足"以让他做善事。

有的人说："等到我有多余的时间，我就会开始帮助别人。"然而，穷其一生，他绝对不会找到多出来的时间。

这些人都是在找借口推脱。其实，帮助别人不需要很多财富，也不需要很多时间，量力而行就可以了。我们每个人都具备帮助别人的能力，即使你经济能力有限，但是只要尽你所能地献出一份爱心就足够了。再者，帮助别人不一定非得是物质层面的，精神上的鼓励也会让别人备感温暖。我们不应该谴责财富过亿的人一毛不拔，也不要去在乎别人是否热衷于行善。富人是富人，别人是别人，重要的还是从我们自己做起，做一个及时行善的人，施人玫瑰，手盈余香，及时行善获得的是一份快乐与愉悦，同时也是高尚品格的升华。力所能及的援助才更有意义。从现在起，大家都及时行善吧！

第九章 用穿越时空的眼光看生死

力量和命运的对话

有一天，力量遇见了命运。它对命运说："你的功劳怎么能和我相比呢？"命运就说："你对事物有什么功劳而要和我相比？"力量回答说："长寿与早夭，穷困与显达，尊重与下贱，贫苦与富裕，都是我的力量所能做到的。"命运却笑着反驳："彭祖的智慧不在尧之上，而活到了八百岁；颜渊的才能不在一般人之下，而活到了四十八岁。仲尼的仁德不在各国诸侯之下，而被围困在陈国与蔡国之间；殷纣王的行为不在微子、箕子、比干之上，却位为天子。季札在吴国没有官爵，田恒却在齐国专权。伯夷和叔齐在首阳山挨饿，季氏却比柳下惠富有得多。如果是你的力量所能做到的，为什么要使坏人长寿而使好人早夭，使圣人穷困而使贼人显达，使贤人低贱而使愚人尊贵，使善人贫苦而使恶人富有呢？"力量说："如果像你所说的那样，我原来对事物没有功劳，而事物的实际状况如此，这难道是你控制的结果吗？"命运说："既然叫作命运，为什么要有控制的人呢？我只不过是对顺利的事情推动一下，对曲折的事情听之任之罢了。一切人和事物都是自己长寿自己早夭，自己穷困自己显达，自己尊贵自己低贱，自己富有自己贫苦，我怎么能知道呢？我怎么能知道呢？"

究竟什么是命运？人是否真的受命运控制。命运是不是真的决定人的一生。搞清楚了这个道理，人们就可以勇往直前了。

首先，什么是人的命运。人的命运是指人一生的际遇。从整体上看，人的命运是一个中性词，它只是概括地描述人所经历的事情。它与"运气"并非同义词。可是，很多人却将命运和运气混淆在一起。认为拥有好运的命运就能平步青云，认为被坏运气缠身的命运就会跌到地狱。

可是，什么样的命运才能称之为拥有好运呢？华人富豪榜连续多年排第一名的李嘉诚先生算不算一个拥有好运的人呢？可是，他早年在茶楼当伙计，在街上卖水果和茶叶蛋。比起坐在办公室里吹空调的你，他是不是更提不上"好运"呢？可是，他最终靠他的努力飞黄腾达了，不是吗？

著名音乐学家贝多芬的命运是不是不那么顺畅？作为一个音乐的狂热者，他竟然双耳失聪。上帝简直关掉了他通往音乐之路的门。可是，他却留下了许多传世的乐曲，至今仍被人们津津乐道。

勇者无视命运。他们发出轻蔑的咆哮："我要遏扼住命运的咽喉！"可是，懦弱者却是命运的囚犯，他们画地为牢，对命运不离不弃。

所以，西方有句谚语："活着，不是上帝给了你一手什么样的牌，而是你怎么打牌。"活着，无关乎命运。命运本来只是个中性词。成功的命运还是失败的命运，都是由你谱写而已。经常不努力的人，怎么可能迎来美好的命运。哪怕由于出身背景的不同，让这样的人站在了起跑线上，但都会在最后一圈掉下

队来。因为实力决定了命运。

那么为什么有的人的命运平顺，有的人命运曲折呢？事实上，命运分为内因和外力两个方面。根据道家的思想，命运不过是对顺利的事情推动一下，对曲折的事情听之任之罢了。一切人和事物都是自己长春自己早夭，自己穷困自己显达，自己尊贵自己低贱，自己富有自己贫苦。所以，人的积累就决定了命运的前行还是左转。一个人如果在很早的时候，就了解了个人职业规划等相关知识，那么他便会少走很多弯路。在这里，职业规划的知识就是一个人的积累。"少走很多弯路子"就是体现一个人的命运的顺畅。有时候，人的命运会曲折是因为人们个人自己的知识积累不足，导致需要亲身去经历和验证才能得出合适的路线。

当然，我们看下身边那些"好命"的人也可以得出相似的结论。他们从小都是中规中矩的学生，从来没有逃课的经验，更没有顶撞父母的事情发生。他们的周末也安排得妥妥帖帖，复习功课，上上兴趣班，偶尔和志同道合的人打球。他们的成绩总是名列前茅。所以，面临高中升学考试、大学升学考试的时候，他们也不需要像别人那样通宵达旦，也不需要像兵临城下那样恐慌。所以，在别人眼里，他们真的很"幸运"。名校似乎都跟他们有缘分。毕业后，他们还没出去找工作，学校就帮他们推荐到了世界 500 强的企业里了。这简直是天上掉馅饼一般的美事。

可是，你再仔细观察下，你会发现你在和朋友逃课的时候，这些人正聚精会神地听课。你在吃着薯片看电视剧的时候，他们正在灯下温习功课。你在和社会上形形色色的人交朋友的时候,他们在自家的门口打打球。你甚至常常嘲笑这种人的生活枯燥得比秋天的叶子还要干枯。所以,曾经的你不屑成为那样的人,却在如今羡慕他们的命运?先撇开前半段的辛劳,直接晋级安逸,这怎么可能呢?所以说,你就是命运的内因。你决定了自己50%的命运。

那么另外的50%就是命运的外力了。命运的外力常常伴有不可抗逆的特点。比如,天灾人祸,这是谁也不愿意碰到的事情。可是,命运的外力就以不可拒绝的姿态降落在你面前。举个简单的例子,十岁的少年,因为家境贫寒,所以无法上学。在这个例子里,家境贫寒就是外力。这不是少年所能控制和选择的。这也不是他十岁的年纪所可以改变的。所以,这50%的外力往往决定了这个少年成为一个没有学识的普通人。

可是,命运真的是一门奇怪的艺术。它一方面以不可逆转的姿态降临在人们面前,另外一方面它又允许你用内因去改变他们。比如说,这个少年二十岁的时候,他已经具备成年人的行为能力。他有自己的思想,也可以养活自己了。那么,这个时候,靠自己的能力来支持自己进修或者放弃进修就都在他的一念之间。当他个人决定了要成为一个出色的人,要继续进修或者学习某项技能的时候,命运的外力就败给了"内因"。所以说,命运其实一直在你手里,从未离开。你才是真正的命运主导者。外界的力量只是让命运改变形状和姿态的作用力而已。

有时候人力不可为,只可等天命

　　杨朱的一个朋友叫季梁。季梁生病,至第七日已病危。他的儿子们围着他哭泣,请大夫医治。季梁对杨朱说:"我儿子不懂事到了这样厉害的程度,你为什么不替我唱个歌使他们明白过来呢?"杨朱唱道:"天尚且不认识,人又怎么能明白?并不是由于天的保佑,也不是由于人的罪孽。我呀你呀,都不知道啊!医呀巫呀,难道知道吗?"他的儿子还是不明白,最后请来了三位大夫。一位叫矫氏,一位叫俞氏,一位叫卢氏,诊治他所害的病。矫氏对季梁说:"你体内的寒气与热气不调和,虚与实越过了限度,病由于时饥时饱和色欲过度,使精神思虑繁杂散漫,不是天的原因,也不是鬼的原因。虽然危重,仍然可以治疗。"季梁说:"这是庸医,快叫他出去!"俞氏说:"你在娘肚子里就胎气不足,生下来后奶水就吃不了,这病不是一朝一夕的原因,它是逐渐加剧的,已经治不好了。"季梁说:"这是一位好医生,暂且请他吃顿饭吧!"卢氏说:"你的病不是由于天,也不是由于人,也不是由于鬼,从你禀受生命之气而成形的那一天起,就既有控制你命运的,又有知道你命运的。药物针砭能对你怎样呢?"季梁说:"这是一位神医,重重地赏赐他!"不久季梁的病自己就好了。

常言说:"谋事在人,成事在天。"意思是说,自己已经尽力而为,至于能否达到目的,那就要看时运如何了。

然而,很多人在处世之时却常常忽略这一点。他们认为人定胜天,在一些完全不可能的事情上花费许多精力,最终却收获一心疑惑。其实,人生哪能尽如人意?当我们感到筋疲力尽、无所适从的时候,不妨让自己变得被动一点,让上天去决定事情的结果吧! 当然,这不是逃避,也不是退缩,这是一种适可而止的处世智慧。

当曾子病入膏肓的时候,他并不悲伤,而是召集来自己所有的学生,轻松自如地和他们做最后的道别;当庄子看自己的妻子病亡之时,他没有悲戚,而是击盆而歌,为亡妻升入了极乐世界而欢呼;当老子面对名利与钱权的诱惑,他并不心动,而是毅然决然地选择了拒绝,他要将自己"无为而无所不为"的思想播撒在炎黄大地。在生死与择诀面前,这些先贤圣哲是何等的凛然与大度! 不是他们超脱,不是他们有非凡的智慧,而是他们看透了生死,懂得了真正的人生——在变幻的世事面前,能屈能伸,始终乐观,游刃有余地面对人生!

固然,勤劳是可以弥补笨拙的,但不是所有的勤奋与坚持都可以换来成功。一个人的成功不是简简单单的,它必须是多方面的集合,特别是在当今这时代。哲学中说:事物是普遍联系的。确实,人与人、人与物,以及其他一切看似毫无关联的东西,他们在关系网中或许早就毫无痕迹地联系在了一起。在这个世界上,既有控制你命运的事物,又有知道你命运的事物。如果,能在适当的时间里,遇到一个可以给你指点迷津的人,那么你的成功就变得顺畅了许多;但如果没有遇到这样充满

智慧的人,也没有关系,只要你抱着一颗积极乐观的心去面对一切,用平常心待不平常事,那么在某种意义上来说,你已经达到了另外一种成功!

当朱德总司令深陷入敌人燃起的熊熊火山时,他没有焦躁和绝望,而是静心地完成自己所能完成的一切事情,等待着老天爷给他的另一份洗礼。但是,天没有把他逼上绝路。几经周折后,却下起了倾盆大雨,他死里逃生,这是怎样一种传奇呢?这是怎样一份超然呢?难道,朱总司令就不畏惧生死,不畏惧那样雄壮的烈火吗?我想不然,其实,是他看清了事情发展的方向,摆正了心态,将生死命运交给了上苍!也正是这种豁然的心胸,让他收获了一个奇迹!

现实生活中,总有人喜欢比,和人家比钱、比权、比家庭、比孩子的学习,等等。他们永远也看不到生活的快乐,永远也体会不到生活的满足,他们时常抱怨,抱怨自己的家庭不和睦,抱怨自己的孩子不聪明,却从来不知道去倾听一下自己的心,停下来与自己做一次真心的谈话。这是怎样疲惫而操劳的人生呢?为什么不将心放开一点儿,让温暖的阳光照射进来呢?

李强是一位名校刚毕业的大学生,他非常要强,也十分上进,无论什么事情他都争强好胜,以至于同事们都对他产生了畏惧的心理。平时,同事们都避开他,没人和他交谈,也没有人愿意和他合作,大家都说他很固执,不知道变通。渐渐地,他的性格越来越孤僻,脸上的笑容也越来越少了。虽然,很多事情努力了,但结果却总不能尽如人意;就是他真的成功了,心里也体会不到当时的快乐了。他甚至忘了自己当时为什么要出发,也忘了自己奋斗的初衷。从此,他走进了极端的自闭与自我怀疑之中。不否认,好强好胜是一种上进的表现,但是凡事讲究一个度,当好胜的心太过于偏执就会产生适得其反的效果,比如说李强的故事。

如果有一天,你走得太倦,不要忘记停下来,让自己的心回归平静,回归自然。请告诉自己:有时候,人力不可为,只可等天命! 这不是逃避,而是一种智慧的栖居!

生命与死亡来自命运，贫苦与富有来自时势

　　因偶然而成功的，好像是成功了，实际上并没有成功。因偶然而失败的，好像是失败了，实际上并没有失败。所以迷惑发生在相似上，近似的时候最容易糊涂。在近似的时候而不糊涂，就不惧怕外来的灾祸，不庆幸内在的幸福；顺应时势而行动，顺应时势而停止，靠聪明才智是无法明白的。相信命运的人对于成功与失败没有不同的心情。对于成功与失败有不同心情的人，比不上捂住眼睛、塞住耳朵、背对着城墙、面朝城壕也不会坠落下来的人。所以说：死亡与生存来自命运，贫苦与穷困来自时势。埋怨短命的，是不懂得命运的人；埋怨贫穷的，是不懂得时势的人，碰上死亡不惧怕，身居贫穷不悲伤，这是懂得命运、安于时势的人。如果叫足智多谋的人计算利害，估量虚实，揣度人情，他所得到的有一半，失去的也有一半。那些缺智少谋的人不计算利害，不估量虚实，不揣度人情，他所得到的有一半，所失去的也有一半。这样看来，计算与不计算，估量与不估量，揣度与不揣度，有什么不同呢？只有无所计算，才是无所不计算，才能完全成功而没有丧失。并不是心中知道要完全成功，也不是心中知道要丧失。一切都是自己完成，自己消亡，自己丧失。

庄子说:"人生天地之间,若白驹过隙,忽然而已。"其实,生命也是须臾间的事情,来去就那么一瞬间。如果,一个人只能活一天,那么他的整个生命就只剩下那一天了;但是,如果一个人可以活八十岁,那么他的每一天就只是八十年中一个很小的部分。生存和死亡很多时候不是由自己决定的,它需要靠命运去掌握。

生命是短暂的。曹操说:"譬如朝露,去日苦多。"欷歔间,便是青丝变白发,徒留人在原地叹息。我们无法选择出生,也无法控制死亡,故而,生命中总会出现很多的意外或者惊喜,譬如穷困和死亡。很多时候,生活上的贫苦与穷困都是来自于外界,是由时势决定的。

但是,既然我们到世上走了一次,就得珍惜生命的价值。在某种意义上说,生要比死更难。死,只需要一时的勇气,生,却需要一世的胆识。我们要做的就是怀着一颗大度而宽阔的心,置生死于度外,以十足的勇气去面对一切不测与挑战,用自己的力量去改变不满意的现状,从而成就理想中的人生。

有时候,生命中不在乎有多少日子,而在乎拥有的日子里有多少的生命。春秋战乱,一时间风起云涌,多少英雄横空出世。当越王勾践沦为吴国俘虏,受尽侮辱还仍旧坚定心中的信念时,他造就将生死看淡。时势给了他非常人可以承受的压力,他却忍受贫苦与穷困,卧薪尝胆,再度重建越国于朝野。无疑,这是一种大度而开阔的心胸,是世人都望而却步的壮举!

孟子说:"天将降大任于斯人也,必先苦其心志,劳其筋

骨,饿其体身,空乏其身,行拂乱其所为,所以动心忍性,增益其所不能。"当昭君出塞、西施远嫁的时候,没有人能知道一个弱女子可以承受那样大的压力。然而,她们却以纤瘦的肩膀与柔弱的胸襟去承受了一切。

当世事浮华,时势变迁之时,她们始终都不向命运低头,不悲不喜,不惊不慌,或许,她们早已经看淡了生死,看淡了穷苦与命运吧。那纤巧的生命告诉世人:一个女子可以颠覆一个朝代,一个女子可以复兴一个国家。她们向世人诠释了什么是变动,什么又是永恒。难道说,昭君与西施的选择不是时势逼迫的吗?

回归到我们现实的社会中,这样的事例也是不少的。洪战辉带着与自己毫无血缘关系的妹妹求学,利用寒暑假的时间给贫困地区的孩子支教,他以自己的行动去感动了整个中国。但不正是穷苦与贫困给了他奋斗的力量吗?

而苗族的姑娘李春燕,却以自己的双脚去丈量着一寸寸土地,她用自己的心去温暖无数病人的心,让他们明白生活的美好。不也是因为穷苦和贫困给了她直面人生的勇气吗?

无声的天使邰丽华以自己的舞姿告诉人们什么叫作美,让无数人明白只要心中有爱,世间到处都是美。因为疾病,因为无法选择的生命,她成就了另外一种人生。这不也是时势造就的吗?

然而,不是所有的人都能够正确地面对生死,也不是所有人都能正确地面对时势所带来的一些困难。很多年轻人,因为自己的出身比别人好便无法无天,将谁也不放在眼里。譬如刚发生不久的"李刚事件"。一时间,一句"我爸是李刚"让多少人愤怒？出身是不由人选定的，以自己的出身来作为炫耀的资本岂不可笑？

　　我们无法选择生命，更无法预知死亡，但是我们可以让生命变得强大与坚定。毕淑敏说：人生本来毫无意义，但我们自己要去给它下一个定义。既然我们的生与死都不由人定，贫苦与穷困也是由时势注定的，那么我们何不让自己变得强大，去顺应时势，成就一种充满奇迹的人生呢？

用穿越时空的眼光看生死

齐景公在牛山游览，向北观望他的国都临淄城而流着眼泪说："真美啊，我的国都！草木浓密茂盛，我为什么还要随着时光的流逝离开这个国都而去死亡呢？假使古代没有死亡的人，那我将离开此地到哪里去呢？"

史孔和梁丘据都跟着垂泪说："我们依靠国君的恩赐，一般的饭菜可以吃得到，一般的车马可以乘坐，尚且还不想死，又何况我的国君呢！"

晏子一个人在旁边发笑。景公揩干眼泪面向晏子说："我今天游览觉得悲伤，史孔和梁丘据都跟着我流泪，你却一个人发笑，为什么呢？"

晏子回答说："假使贤明的君主能够长久地拥有自己的国家，那么太公、桓公就会长久地拥有这个国家了；假使勇敢的君主能够长久地拥有自己的国家，那么庄公、灵公就会长久地拥有这个国家了。这么多君主都将拥有这个国家，那您现在就只能披着蓑衣，戴着斗笠站在田地之中，一心只考虑农活了，哪有闲暇想到死呢？您又怎么能得到国君的位置而成为国君呢？就是因为他们一个个成为国君，又一个个相继死去，才轮到了您，您却偏要为此而流泪，这是不仁义的。我看到了不仁不义的君主，又看到了阿谀奉承的大臣。看到了这两种人，我所以一个人私下发笑。"

景公觉得惭愧，举起杯子自己罚自己喝酒，又罚了史孔、梁丘据各两杯酒。

────────

法国的人权宣言上这样说："人人生而平等。"上帝给予每个人生的机会都是平等的，谁也不多，谁也不少，只是来到这个世界的时间会稍有些不同罢了。但是，这世上还有一件事情是绝对平等的，那便是——死。

周国平说："人生唯一有把握不会落空的等待是那必然会到来的死亡。但是人们似乎都忘了这一点，而等着别的什么，甚至死到临头仍执迷不悟。我对这种情形感到悲哀又感到满意。"我不得不佩服周国平的这种洞察力，同时，我也为他那种博大而宽广的胸襟而折服。是的，我们每个人都难免一死，甚至我们都无法预料自己的死，这显得有点儿可悲。可是，也正是这种可悲才成就了我们完整而唯美的人生。人有的时候不如做得糊涂一点。古人常说："难得糊涂。"也有先哲留下警世之语："水至清则无鱼，人至察则无徒。"当一个人将生死看淡，或者以另外一种穿越时空的眼光去看待生死，那么生命对于我们来说不总是生生不息的吗？

生命固然脆弱，转眼间便度过了一生。然而，我们不能因为人生的短暂或无奈而放弃生下去的权利。我们的人生不能仅仅停留于自己曾经来过这个世界，而是应该以最开阔的胸襟，最高远的眼光去面对人生路上的一切事情。

当曾子病入膏肓的时候，他并不畏惧死亡，而是召集来自己所有的学生，轻松自如地和他们做最后的道别，告诉他们自

己从此将远离病痛的折磨,这是怎样一种开怀?当庄子面对自己的亡妻,他没有过度悲伤,甚至心中没有一丝的悲戚,因为在他的心目中,妻子不是死去了,而是获得了另外一种重生,这样想来这岂不是一桩乐事?

在面对自己一岁零几个月的宝宝病逝的时候,作为父亲的周国平是怎样悲戚的一种心境。然而,他走出了那种悲痛,在生与死的思考中,他找到了永恒,那便是用穿越时空的眼光面对生死。换种角度来想,他那活泼可爱的女儿只是提前去了另外一个没有悲痛、充满阳光的世界,那么他还有什么放不下的呢?

生命总在无声无息中走向和美,时间总在不经意间一去不复返。人生路漫漫,欢乐总是太短,挽不住的是清晨一样的时光,寂寞总是太长,挥不去的是浓雾一样的忧伤。不管发生什么,快乐或是不幸,都应当坦然面对——拾起那一串串有价值的音符,让它们成为一串串美好的回忆,以此来充实自己的生活;遗弃那些毫无意义的东西,让它们付诸东流,永远地逝去,以此来净化自己的生命。

生命那样短暂和脆弱,来去几十载,匆忙中便度过了一生,谁也无法预料到下一刻将会发生什么,但只要还有一颗跳动的心就应该继续奋斗向前。既然来到了这个世界就得向世界证明:这个世界我曾来过。

不要轻易言弃,不要徘徊不前,回忆毕竟是远了、暗了的雾霭,希望才是近了、亮了的朝阳。回忆只能用来充实生活,希望却可以引导你奋勇向前,任何时候都不要让自己沉浸在回忆中,而应该让自己看到希望,敢于奋斗。

任何时候,生命都应该是自强不息的。不管现在怎样,将来会发生什么,都不要浮躁、不要悲观、不要退缩。请你始终以一种穿越时空的眼光看待生死吧,以一种平和的心态去面对一切,用一次次探索与创新去换取生命中的欣慰与惊喜。

其实你从来没有失去什么

魏国有个叫东门吴的人，他儿子死了却不忧愁。他的管家说："您对儿子的怜爱程度，天下是找不到的。现在儿子死了却不忧愁，为什么呢？"东门吴说："我过去没有儿子，没有儿子的时候并不忧愁。现在儿子死了，就和过去没有儿子的时候一样，我有什么可忧愁的呢？"

人生路上，很多事情看似是失去了什么，可它本身却又蕴含着另外一种收获——至少是回归到原来的状态。只是占有欲过于执着，才导致无法割舍和面对。在某种意义上来说，你所看到的失去其实就是另外一种形式的获得，只是要看你用什么眼光去对待。

小时候，我很不解古人所说的"吃亏是福"，总觉得自己都被人家欺负了，都受到伤害了，怎么还是福呢？慢慢地，随着年龄的增长，我开始理解这句话的真意。有些时候，我们大可不必争强好胜，不必事事要占上风，偶尔成全一下别人，给别人一个小小的惊喜，给自己一个小小的快乐，那又何乐而不为呢？当你放弃一些东西的时候，也收获了另外的一些意想不到的快乐，那又何尝不是一种成功地获得呢？正如扬州八怪之一的郑板桥所言："难得糊涂。"这是一种超凡的处世之道！

当庄子面对高官厚禄时，他没有动心，他愿意放弃衣食无忧，愿意放弃荣华富贵，从而收获一份宁静与安然。在自己的世界里，做最真实的自己。以世俗的眼光来看，庄子似乎是失去了许多的东西，譬如权势、譬如钱财。然而当超越这些世俗，你会发现，其实什么也没有失去，相反还获得了一份难得的自由。

当陶渊明不为五斗米而折腰的时候，他早已做好了放弃很多东西的准备，他宁愿不要俸禄，自己"晨兴理荒秽，戴月荷锄归"，也不愿意在他人的权势下卑躬屈膝。或许，有人会认为他本末倒置，换着好好的官不做，偏偏要去当一个受苦的老农，岂不傻蛋？实际上，他没有失去什么，因为他很清楚"富贵非吾愿，帝乡不可期"，在随时有生命危险的乱世当官，不如随遇而安地享受人生，至少可以"采菊东篱下，悠然见南山"。

南唐后主李煜，他失去了一个帝王的身份，却成就了一代诗人。那首"问君能有几多愁，恰似一江春水向东流"，一时倾倒多少中华儿女；北宋词人苏轼，多次仕途不顺，最终被贬黄州，却终日与日月山水为伴，一则《赤壁赋》，让多少文人墨客扼腕；清代的蒲松龄，因为多年科举不中，却在贫困潦倒中成就了一部传世佳作——《聊斋志异》。这些看似都很不幸的人，在某种意义上看，他们似乎是失去了许多，可实际上，他们不也以另外一种形式收获了更多意想不到的成功吗？

所以，很多时候，其实你并没有失去什么，而是自己把问题想得太过狭隘，从而庸人自扰。孟虎和孙飞一起进入一家上市公司做业务员，他们都毕业于名校。孟虎性格开朗，为人也大度；孙飞则做事比较拘谨，凡事思前想后，总是放不开，从而总给人以患得患失、拖泥带水的感受。随着时间的推移，同事

们越来越多地喜欢和孟虎交流，认为他放得开，敢做敢闯，即使有时做得不够完美，却也能积极主动地承担起责任，他虽然没有顾及那么周全，却收获了很多同事的信赖与帮助，为此，他的工作也开展得越来越顺利了。而孙飞却因为放不开，又加上天生的多疑与顾虑，最终离同事越来越远，工作进行得越来越艰苦。

很多时候，不是自己失去了很多，而是你没有打开心扉，用心去感受与观看。其实，你从来都不曾失去什么，只是你没有去换一种新的方式思考。其实，当你失去一些东西的同时，你也会收获很多的东西。

普希金曾说过："假如生活欺骗了你，不要悲伤，不要心急，忧郁的日子里需要镇静，相信吧，快乐的日子将会来临。心儿永远向往着未来，而现在却常是忧郁，一切都将会过去，一切都将会重来，而过去了的，将会成为亲切的怀念！"当你发现自己失去了一些东西的时候，请你乐观吧，因为就算是忧郁之后，回忆也是亲切的！

第十章 全心全意做自己

以心传心，一切尽在不言中

有一次，佛陀正准备说法时，姗姗来迟的大梵天王向佛陀献上一朵美丽的金色波罗蜜花，然后坐在最后的位置聆听说法。

释迦牟尼欲言又止，于是缓缓把手中的波罗蜜花高高举起，给大家看。

诸佛弟子面面相觑，不知道佛祖为什么停止说法。唯有佛陀"十大弟子"之一的摩诃迦叶微微会心一笑。

佛陀看在眼里，对大家宣布道："我的佛法藏在眼中，以心传心。修习弘扬佛法不要拘泥于文字，可在佛教之外，也可超出佛教。我把此法传授给摩诃迦叶。"

于是，摩诃迦叶被尊为印度七佛之外的"西天第一祖"，后世禅宗则奉他为禅宗始祖。

当拈花的手遇到微笑的脸，一切尽在不言中。哪怕是无心的微笑，也能让人如沐春风，心心相印。禅是什么？

以心传心是一种默契的交流。文字是语言的载体，但世界上还存在着一种无声的语言，它不需要文字的装饰，也不需要绘声绘色的表达，它是心心相印的完美结合，是心灵最直接的对白，虽然悄无声息，但"无声胜有声"。

"以心传心"来源于一颗真诚的心。心与心的碰撞产生强

烈的共鸣,眼神的交汇传递出无声的语言。最难打开的是心灵之窗,最长的距离是心与心之间的路途。要想做到以心传心,需要有一颗诚挚的心,真诚地聆听对方,感受对方,在对方的思维与表情中游走。另外,在生活中我们可以感受到,心与心的交流往往借助于微笑的力量。

微笑不仅是一个简单的面部表情,它更是一个人内心世界的真实写照。微笑是沟通人与人之情感的桥梁,是无声的语言,"润物细无声",能传递出心中的温情,滋润对方的心田,如沐春风般。

曾经听过这样一个故事:日本教育家铃木认识过一个五音不全,但对音乐十分痴迷的孩子。孩子糟糕的音乐遭到无数人的奚落,使孩子心灰意冷。铃木了解了孩子的情况后,让孩子为他拉一曲小提琴。孩子开始拉,开头的几个音符就难听得让人想捂耳朵。但铃木耐心地听完了这首曲子,脸上浮现出一个微笑。孩子仿佛从这个微笑里明白了什么似的。回家以后,孩子更加勤奋地练习。有朝一日,孩子终于成为了当地首屈一指的"小莫扎特"。

铃木大师的微笑是无声的鼓励,燃起了一个孩子追求梦想的希望之火。

微笑能将各种形式的爱相互传递,是一种无声的语言。我们常伴微笑,就能以心传心,演绎出人世间最美丽的语言。

懂得惜福的人才会幸福

有一年，雪峰义存、岩头全奯和钦山文邃三位禅师结伴云游弘法。某日，他们经过一条河流，正计划要到何处托钵化缘时，看到河中从上游漂下一片很新鲜的菜叶来。

钦山说："你们看，河中有菜叶漂流，可见上游有人居住，我们接着往上游走就会有人家了。"

岩头却说："这么好的一片菜叶，竟让它顺河流走，实在可惜！"

雪峰也说："对，如此不惜福的村民，不值得教化，我们还是到别的村庄去吧！"

三个人你一句我一句地正在谈论时，只见一个农民急匆匆地从河上游跑过来，问道："师父！你们有没有看到水中有一片菜叶流过？我刚刚洗菜时，一不小心一片菜叶掉在了水中，我想把它追回来，不然实在太可惜了。"

三位禅师听后哈哈大笑，不约而同地说："我们就到他家去弘法挂单吧！"

不要小看一片菜叶，它是阳光、水和空气的结晶。不要小看一片菜叶，它是苍天大地的恩赐。不要小看一片菜叶，缺了等量的维生素，我们的身体就会不给力。不要以为你有一个菜园，就可以浪费一片菜叶。这就好比地下的矿藏，从理论上讲它是属于全中国人

民的，你能拥有它、开发它、靠它致富，只代表你把握住了机缘，绝不代表你可以把它们换成豪华车在马路上发疯。从理论上讲，那些不懂珍惜、不懂感恩、不懂惜福的人，迟早有一天会悔不当初。

幸福的距离有多远？它可以近在咫尺，也可以远在天边，就看你是否是一个懂得惜福的人。

人生很短暂，不过区区几十年的光景，我们应该珍惜生活中的每一个瞬间，懂得珍惜身边的幸福，这样我们的生命才会快乐而美丽。人总是喜欢忽略所拥有的，而去追求那些不切实际的，等到醒悟时，才发现那些曾经被忽略掉的点点滴滴才是真正的幸福，可惜都已经随风远去，没有留下任何痕迹。世界上什么药都有，唯独没有后悔药，那些远去的幸福不可能因为你的一声后悔而再次回到你的身边。

有一个人非常幸运地获得了一颗硕大而美丽的珍珠，然而他并不感到满足，因为那颗珍珠上有一个小小的斑点。他想，若是能够把这小小的斑点剔除，那么肯定是世界上最珍贵的宝物。于是他就狠下心削去了珍珠的表层，可是斑点还在。他不断地削掉一层又一层，直到最后，那个斑点没有了，而珍珠也不复存在了。后来那个人痛心不已，并由此一病不起。在临终前，他仍无比后悔地对家人说："当初如果不计较那个斑点，现在我手里还拿着一颗美丽的珍珠啊！"

那个人临终前明白了，留下的话语重心长，告诫我们只有珍惜所拥有的，才能获得幸福。

珍惜让人变得富有，生活在这个世界上，值得我们去珍惜的东西很多：亲情、友情、爱情、青春、时间……懂得珍惜的人才不虚度此生，才能体会人间的温暖与幸福。

笑不出来的人才是真正的傻瓜

古时候有个县令，终日愁眉不展，郁郁寡欢，家人见他日益憔悴，四处寻医求诊，却毫无结果，后来听说有一位精通禅机的名医非常高明，便前往求治。

没想到这位名医为县令把过脉后，一本正经地说："大人，您这是月经失调……"

县令一听，啼笑皆非，拂袖而去，以后逢人便讲这件怪事，每说一回，便捧腹大笑一次。不曾想时日不多，县令的病竟不治而愈。此时他才恍然大悟，立即到名医府上拜谢。名医告诉他："你患的是郁结心病，要治好你的病，有什么秘方比笑更好呢？"

笑一笑吧，人生不过如此！笑一笑吧，笑完了再参禅！

你的心笑一笑，就快乐了生活。你的脸笑一笑，就快乐了阳光。用笑容化妆你的脸，然后把它传递给身边的每一个人，这个社会才能真正地健康起来。

如果生活失去了笑声，拥有再多、觉悟再深又有什么意义？大声地笑吧，爽朗地笑吧，别担心别人笑话你神经病，那些笑不出来的人才是真正的傻瓜！

笑容是对生活的一种态度。

玫瑰谢了，还有再开的时候；燕子飞走了，还有再来的时候。可是,人生一旦失去了笑容,展现在我们面前的将是一个黯然失色的世界。

也许,繁重的工作压力使你无法喘息;也许,生活的琐琐碎碎会使你变得多愁善感,但是不要陷得太深,学会把不如意的往事抛之脑后,小心翼翼地从心底去寻找那份微笑。

绽放笑容会使青春永驻,绽放笑容令你容光焕发。把缕缕微笑送给陌生人,你会得到陌生人的信任。每天都有很多与你擦肩而过的人,也许你以前是用一种防备之心对待他们,同样,他们也不敢绽露笑容回答你的深沉面孔。如果我们能用微笑与擦肩而过的人招手,陌生的距离会忽而消失,一种亲切感也会油然而生。

微笑是一种宽容,它有着大海的肚量。笑容可以化解矛盾,消融隔膜,从而拉近心的距离,让曾经的仇人变得更加友善。有两个同事由于一件小事而闹矛盾,很长一段时间都互不理睬,严重影响了正常的工作状态。经过领导的开导后,他们开始用笑容彼此相迎,最后他们心中的误会都被笑容填补了,又回到了最初的合作状态。

笑容是一种力量,能够让我们摆脱莫名的烦恼和痛苦的煎熬。笑容也是自信的流露,能让我们以饱满的精神迎接生活中的每一天。所以我们应该与笑容做伴,能够用笑容解决的事,就不要让自己饱受痛苦的煎熬。

做一个有魅力的人

一个漂亮的女施主找到无德禅师,说:"大师,我的家境您是知道的,无论是财富、地位、能力、权力,城里都没有人能够比得上我,但我连个谈心的人也没有。您能不能告诉我如何才能具有魅力,让人们都喜欢我?"

禅师告诉她说:"如果你能随时随地地和各种人合作,并具有佛一样的慈悲胸怀,讲些禅话,听些禅音,做些禅事,用些禅心,那样你就会成为有魅力的人了。"

女施主听了,赶紧问:"禅话怎么讲呢?"

禅师说:"禅话,就是欢喜的话,不仅是你自己欢喜,还要让别人听了欢喜,你要说真实的话,说谦虚的话,说利人的话。"

女施主又问:"禅音怎么听呢?"

禅师说:"禅音就是化一切音声为微妙的声音,把辱骂的话转化为慈悲的声音,把毁谤你的话转化为帮助的声音,哭声闹声,粗声丑声,你都能不介意的话,那就是禅音了。"

女施主再问:"禅事怎么做呢?"

禅师说:"禅事就是布施的事,慈善的事,服务的事,合乎佛法的事。"

女施主进一步问道:"禅心做什么用呢?"

禅师说:"禅心就是你我一如的心,圣凡一致的心,包容一切的心，普渡众生的心。当你有了禅心，你就知道它做什么用了。"

这个女施主回去后，从此一改从前的娇气，不在向人夸耀自己的财富，不再自恃容颜的美丽，待人接物总是谦恭有礼，对身边的人尤能体恤关怀，不久就赢得了"最具魅力的女人"称号！

那些虚有其表、除了没素质什么都有的人，大家都讨厌。请珍视上天赐予我们的美好，"落花无言，人淡如菊"，说白了，魅力虽不可意会，但终究是一种让人受用的东西。做一个有魅力的人，终须从心做心，金钱和权势不是魅力，而是压力。想做一个有魅力的人吗？那就学会减压吧，不仅给自己减，也给你身边每一个人减。

魅力对任何人而言都是不可缺少的气质。它事关我们的受欢迎程度，业务谈判的成功率，亲友同事之间的亲密度等。

魅力可以表现在举手投足之间，高谈阔论当中，智谋决策当中等。有魅力之士，首先有着强烈有力的感染力，行事说话当中，热情激昂而不失分寸；闲静当中淡雅而端庄。他们的每一个动作，每一个姿势都是那样的优雅，有着无比的亲和力，让人情不自禁地与之接近。

魅力是一个人的真善美的自然流露。有的人偏向于追求时尚的装扮，认为华丽的外表、动人的美貌才能赋予他们魅力，才能让自己在人群中熠熠生辉，才能吸引众人的眼球。可是他们未曾领悟到，再美的容颜也有衰老的一天。岁月消逝去

后,只有品格的力量能够经受岁月长河的淘洗,并闪耀出最灿烂的光芒。只有源自于内心的追求和品格的力量,才会美丽,才会散发出怡人的魅力。《巴黎圣母院》中的卡西莫多是世界文学史上的一个最著名的丑人,但在读者和观众看来,他是美丽的,就是因为他有一幅美丽的心灵。

做一个有魅力的人,必须从心做起,金钱、权势、美貌虽然表面上风光,但都不能算作魅力。真正的魅力来源于道德修养,来源于慈悲为怀的美德。

心怀善良、修养高的人静若幽兰,芳香四溢,尽管时间扫去了他们动人的容貌,但是他们一生用博爱与仁义写下的美丽篇章,光芒四射,魅力无穷。

做一个善于发现的人

从前，佛陀住世时，有一天去到忉利天宫时，帝释（即玉皇大帝）设宴供养，佛陀即把帝释也化成了佛的形象，佛陀的弟子目连、舍利弗、迦叶、须菩提等人随后来到利忉天时，见到两个佛陀坐在里面，不知道哪个才是真佛陀，难以向前问礼。

于是目连尊者赶紧施展神通，飞身梵天之上，但这也分不清哪一个是佛，于是他又远飞至九百九十恒河沙佛土之上，还是分不清（之所以要飞那么远，是因为佛的法身大于帝释，理论上从远处即可分清）。

目连尊者急急忙忙又飞回来，找舍利弗商量怎么办。舍利弗说："大家请看座上两位有没有细微的差别？我想眼睛不乱翻的那个就是佛祖。"

其他弟子这才分出了真假佛陀，齐向佛陀问礼。佛陀对他们说："神通不如智慧，目连粗心，不如舍利弗细心。"（目连尊者是佛陀诸弟子中神通第一，舍利弗则是智慧第一）

原来细节里不仅有魔鬼，细节里面还有智慧！不管脱俗的，不脱俗的，谁不想拥有智慧呢？但智慧不会凭空而降，智慧自细节中产生，只有那些细致的人才能看到智慧，同时要能把细节化为巨大的能量。细节决定成败，做人要做有心人。

细节很零散，也具有隐蔽性，容易被人们忽视，但它有着不可估量的作用。有些细节会改变事物的发展方向，使人们的命运发生转变。细节往往会在关键时刻成为撒手锏，阻碍人们走向胜利的领奖台。"千里之堤，溃于蚁穴"就是这个道理。

对个人来说，细节体现着素质；对事业来说，细节决定着成败。细节如此重要，因此我们要做有心人，善于发现细节，抓住细节。

提高善于发现的能力，要注重在工作生活中养成处处留心的习惯。俗话说，处处留心皆学问。明朝嘉靖年间，北京城里有一位很有名的裁缝，无论何人，由他裁制的衣服没有不合身的。有位京城御史慕名前来找他制作官服。这位裁缝并不忙着量尺寸，而是先询问御史的官龄。御史感到纳闷，问道："官龄和裁衣有什么关系吗？"裁缝说："大有关系。根据我平时的观察，如果是初任高官，一般都是意气风发，意高气盛，衣服应前长后短；任职稍久，在官场已经过磨炼，则意气稍平，衣服应前后一般长短；如果任职久了，而且可能升官，则内心谦逊，身体往往微俯，衣服就应前短后长。"裁缝通过留心观察当官者的表现，掌握了当官者的心态，养成了独特的职业眼光，从而获得了成功。

伟大来自于平凡，细节决定成败，我们往往因为忽视细节而与成功失之交臂。古人云："不畏浮云遮望眼。"虽然生活中的事物错综复杂，能够一目了然的情况很少，但是请相信，只要不断提高善于发现的能力，就能在纷繁复杂的现象中辨别是非，去伪存真，抓住本质，明确方向，获得成功的机会。

事物的所大所小都生于心

　　唐代江州刺史李渤是一位对佛法非常虔诚的地方官吏。有一天,他来到智常禅师的寺院,问:"佛经上所说的'须弥藏芥子,芥子纳须弥'未免失之玄奇,小小的芥子,怎么可能容纳一座须弥山呢? 这些连常识都不顾的说法,不是在骗人吗? "

　　智常闻言而笑,反问道:"别人都说你读书破万卷,可有这回事? "

　　李渤一听,马上很得意地说:"那是当然! 我岂止读书万卷? 是比万卷还要多得多。"

　　智常再次笑着问他:"那么你读过的万卷书如今何在? "

　　李渤抬手指着头脑说:"都在这里头了! "

　　智常故作不解状,说:"真奇怪,我看你的脑袋也不过一个椰子那么大,怎么可能装得下万卷书呢? 莫非你也在骗人吗? "

　　李渤听后,当下无语,心中豁然。

- - -

　　聪明的大脑何止藏万卷书呢? 整个宇宙都能装得下。但愿读者诸君的大脑里容纳的都是真善美,没有丝毫的假丑恶。再者,读书要读好书,好书一本便够,不必读一万本去浪费时间。聪明的人能够通一而晓百,博览群书在于有所收获,而不是追

求读书的数量。

同样的困难处境,有的人认为是不可逾越的鸿沟,有的人则依旧处之泰然。困难往往生于人心,你认为它存在,它就真的会阻碍你前行;你认为它不存在,再大的困难也不会阻碍你前进的步伐。

很多事情都是这样,根本没有大小之别,所大所小都生于人心。生活中,我们往往拘泥于一些小事而纠缠不清,因此感受不到生活的快乐。而对心胸豁达的智者来说,这些小事根本不值得放在心上,他们会像轻轻地拂去蜘蛛网那样拂去生活中的琐琐碎碎,然后坚定地前行。

因此我们要像智者那样宽宏大量、豁达大度,不要总是拿着一副放大镜无谓地放大那些琐碎小事,扰乱自己平静的步调。

其实我们只要不计较,宽厚仁慈,以前纠结的那些鸡毛蒜皮的小事就会消失得无影无踪。"宰相肚里能撑船"就是倡导为人处世要豁达大度,待人处事要宽厚仁慈。处世的智慧之一就是宽容他人。宽容别人方能建立起良好的人际关系,宽容他人的过错,就会赢得朋友,赢得别人的佩服与尊敬。宽容他人,需要自己有度量。将军额上能跑马,宰相肚里能撑船。蔺相如位尊人上,廉颇不服,屡次挑衅,相如仍以国家利益为上,以社稷为重,处处忍让而终使廉颇负荆请罪,这就是度量大。

只有度量大的人,所有事物在他心中才没有大小分别,他才能泰然处世,才能不计较眼前的得失、个人的荣辱,才能胸怀大志,成就一番事业。

只是知道什么还是不够的

　　唐代的道林禅师是个异僧，他既不像普通僧众那样住在寺庙里，也不像懒残和尚等人一样隐居在山洞里，而是在杭州附近山中一株大松树上搭了个鸟窝似的"棚子"，因此世人都称他为"鸟窠禅师"。

　　有一次，大文豪白居易任职杭州太守时，前往拜访鸟窠禅师，见他端坐在窠边，就说："禅师住在树上，太危险了！"

　　禅师却说："太守！你的处境岂不是更危险！"

　　白居易不以为然，说："我是当朝要员，有什么危险呢？"

　　禅师说："薪火相交，纵性不停，怎么能说不危险呢？"意思是说官场浮沉，钩心斗角，危险就在眼前。

　　白居易似有所领，于是转了个话题，又问："请问禅师，什么是佛法大意呢？"

　　禅师说："诸恶莫做，诸善奉行！"

　　白居易本以为禅师会开示自己深奥的佛理，没想到是如此平常的话，感到很失望，说："这是三岁小孩儿都知道的道理啊！"

　　禅师说："三岁小孩虽然都知道，但八十老翁却未必做得到。"

　　许多事人人明白，却不动手。比如垃圾在地，人人生厌，却

无人捡拾扔进果皮箱。比如公共汽车上，白发苍苍的老人站立一旁，肯让座的仍然是极少数有素质的人。

道理都很简单，只是说来容易做来难，世上眼高手低的人太多，世上会找理由的人更多。

人人都知道应该做个好人，但做一个好人真难！

生活中，有不少人是"口头上的巨人，行动上的矮子"，他们说起来总是头头是道，可是一旦做起来却磨磨蹭蹭，迟迟不愿行动。很多时候，知道是一回事，行动则是另外一回事。光停留在"知道"的阶段，而不付诸行动，只会让自己一事无成。

在我们周围的生活中，有很多人虽然知道不少道理，说得也天花乱坠，但是当检验是否做了的时候，才发现一切都是空的。

我们应该明白，实践才是最重要的。没有实际行动的空理论，只不过是纸上谈兵罢了，是不可能走向成功的！你看到哪个人靠一张嘴走遍天下的吗？即使有，他的成功也不是踏踏实实的，总有一天会坠下万丈悬崖的。

有一位满脑子都是智慧的教授与一位文盲相邻而居。尽管两人地位悬殊，知识水平和性格都有天壤之别，可两人有一个共同的目标：尽快富裕起来。这让他们有了共同语言。每天，教授跷着二郎腿大谈特谈他的致富经，好像他立刻就会成为富翁一样；文盲在旁边虔诚地听着。每次听完教授的"演讲"，文盲就会依着教授的致富设想去付诸行动。若干年后，文盲成了一位百万富翁，而教授还在空谈他的致富理论。

故事中的教授就犯了"眼高手低"的毛病，他虽然知道很多道理，却没有脚踏实地去实践。我们经常会听到这样一些感慨:"我很想做成一件大事,让身边的人都对我刮目相看。可是我运气不好,一直没有碰上这样的机会,使我的才能得不到发挥。"那么真的是没有机会发挥吗?当然不是,说这种话的人失去了一颗平常心,不懂得脚踏实地,只知道自己要成功,却不肯付出行动,这样成功会光顾你吗?

不拖拉，此时就是做事的最好时刻

道元禅师是永平寺的住持和尚，有一天，他四处巡视，看到一位八十多岁的老禅师，弯腰驼背，满头大汗，在大太阳底下晒香菇。

道元忍不住劝慰道："老人家，您年纪这么大了，应该好好休息一下，为什么还要吃力劳苦做这种事呢？你进屋歇着吧，我马上另外派个人为您老人家代劳！"

老禅师却拒绝了："多谢您的好意，代劳就不必了，别人并不是我！"

道元想了一下，还是不忍心，劝道："好吧，那您就自己做！可是这会儿太阳太大了，你还是等会儿再出来晒香菇的好！"

老禅师笑着摇摇头，说："大太阳天不晒香菇，难道要等阴天或雨天再来晒吗？"

八十多岁的老禅师，况且能够事必躬亲，不拖拉，及时承担自己的责任，年纪轻轻的现代人有什么理由逃避工作、推诿责任呢？只怕"明日复明日，明日何其多？万事待明日，万事成蹉跎"啊！正如老禅师所说，"别人不是我"，该你做的事情，不要企图假手他人，也不要等到明天——现在就是做事的最好时节，否则你永远有拖下去不做的理由。

拖拉归溯于人的劣根性，是一个人前进道路上的绊脚石。拖拉成性的人无疑会在适者生存的洪流中惨遭淘汰，尤其是在当今竞争日趋激烈的时代。

在日常的生活、工作和学习中，很多人不善以雷厉风行的态度行事，面临责任或是份内的事，总是一拖再拖，拖到紧要关头时，就敷衍塞责，草草了事。归根究底，是人的惰性在作祟。惰性是拖拉习惯得以养成的肥料，越懒惰越惯常于拖拖拉拉。当惰性侵占人的性灵时，拖拉就会乘虚而入，偷走青春的养料，破坏人生的蓝图，让人自甘落后，放任自流，一事无成，虚度此生。

人生苦短，岂能因碌碌无为而抱憾终生。但需要正视的是，拖拉的落后习性一定是牵引人走向庸碌无为深渊的恶动力。到那时，岁月蹉跎，激情已逝，亡羊补牢，为时已晚！

比如，社会上有很多这样的人，总会兴致勃勃地制定一份学习英语的进取计划，规定每天要做多少事情、学多少单词，听多长时间英语，甚至每个时段都有规定。可是在具体实践的时候却拖拖拉拉，今天推明天，明天推后天。等到一个阶段过去，单位刚好需要一个英语能力突出的人出国时，才发现自己当初的计划完全落空了，急得焦头烂额，痛失良机，后悔莫及。

这样对待自己的计划和该做的事情，只会让自己一败涂地。生活和人生也是如此，需要靠勤劳、积极和利索的智慧去经营。

我们应该永远铭记，拖拉慵懒是人生的大敌，要矢志不渝地与之做斗争。同时，深谙"此时才是做事的最好时刻"的道理，讲求效率，走在时间的最前面，用责任心的魄力取代拖拉懒散的恶习，把每一件事做到实处。

不是所有的坏人都无可救药

　　有个教书先生去某寺礼佛时，信步来到寺后的花园中散步，碰巧看到园头(负责园艺的僧人)正埋首整理花草，便饶有兴致地看了一会儿。只见园头僧或是用剪刀将花木的枝叶剪去，或是将花草连根拔起移植到另外一个花盆，或是给一些看上去将要枯萎的花木浇水施肥，给予特别照顾……

　　教书先生不解，问："这位师父，为什么好好的枝叶您要把它剪掉呢？为什么枯萎了的反而要浇水施肥？为什么这一盆要搬到这一盆里？有必要这么麻烦吗？"

　　园头说："当然了。照顾花草，就像先生教育你的学生一样。人要怎么教育，花草也是。"

　　教书先生不以为然，说："花草树木怎么能和人相比呢？"

　　园头一边忙活，一边说："照顾花草，一定要把那些看似繁茂却生长错乱的枝蔓杂叶剪除，免得它们浪费养分，将来整个植株才能发育良好，这就如同收敛年轻人的气焰，去其恶习，使其纳入正轨一样。而将花木连根拔起植入另一盆中，目的是使植物离开贫瘠，接触沃壤，这就如同使年轻人离开不良环境，到另外的地方接触良师益友，求取更高的学问一般。之所以要特别照料那些病弱的花木，是因为它们表面上看起来已经死了，但里面还蕴藏着生机。教育学生，千万不要认为不良子弟都是不可救药的就对他灰心放弃，要知道人性本善，只要悉心爱护，照料得法，他们还是可以重生的……"

教书先生听得连连点头，最后说："师父，您的话真是令我茅塞顿开啊，谢谢了！"

———※———

我们在上学时，经常学到这样的话："×××是古代劳动人民智慧的结晶"，在这个崇尚精英的时代，恐怕有很多人对这句话早就不屑一顾了吧。其实身份地位低下者，绝不等同于智慧和悟性也低下。就比如故事中的园头僧人吧，虽说职位很低，但是能把育人的道理与自己的工作相结合，阐释得那么深入浅出、鞭辟入理的人，古往今来又有几人呢？千万不要夜郎自大，更不要狗眼看人低，否则不仅要自绝于人群，还会自绝于智慧，自绝于觉悟。

南宋《三字经》以"人之初，性本善"开篇，意在强调人的本性向善。但有的人因为浸染世俗污垢，人品变得浑浊，做些苟且之事，败坏社会风气，沦为坏人。

社会一向对坏人疾恶如仇，这是自古流传下来的遗训，况且疾恶如仇出于一种正义，理应不会有任何非议之处。但是现实生活中的"疾恶如仇"往往偏向于一种极端，某人一处坏，整个人都会被非议得一无是处，尊重他的闪光点更是无从谈起。

人非圣贤，孰能无过，过而能改，善莫大焉！这条古训就在教诲世人要给犯错的人以改过自新的机会。这绝不是在为坏人找借口开脱罪名，而是并不是所有的坏人都无可救药，他们

或许是一时糊涂偏离了正道，但内心向善的一面还继续存在。如果因为他们的一时糊涂而给他们的整个人生轨迹都涂鸦抹黑，不给他们做好人的机会，是不是太过偏激而有失公平！

《世说新语》里有这样一个故事，少年周处不修细行，纵行肆欲，横行乡里，被乡人所恶，最后找到陆机陆云，受其启发，改邪归正，学文学武，终成忠臣孝子。

现实生活中这样的例子比比皆是，很多所谓的坏人在犯错后都悔恨不已，都在想方设法为自己犯下的错赎罪。这时候我们应该开怀大度，以宽容的心对待，而不是一如既往地疾恶如仇，怒目而视。植物需要离开贫瘠之地，接触沃壤，有药可救的坏人也需要一个宽恕的环境悔过自新。

不要过于顾念别人

　　唐代著名禅师佛光如满门下有一学僧,法名克契,在佛光身边待了十二年都不曾见道开悟。佛光很是为他着急。这天,佛光在走廊上遇到克契,便主动问他:"岁月匆匆,你来我这儿学禅大概有十二个秋冬了吧,你怎么从来不向我问道呢?"

　　克契非常恭敬地答道:"老师每天都很忙,实在不敢打扰。"

　　光阴似箭,一晃又是三年。这天,佛光又遇到了克契,再次问道:"你在参禅修道方面有什么问题吗?怎么也不来问问我呢?"

　　克契依旧非常恭敬地回答:"看到您那么忙,不敢随便和您讲话!"

　　转眼又过了一年。这天,克契从佛光的禅房门前经过,禅师看到了就叫住他,说:"你过来,今天我有空闲,我们谈一谈。"

　　克契一边行礼一边说:"老师您是很忙的呀,我怎敢随便浪费您的时间呢?"说完就要离开。佛光心知他这是过分谦虚,不敢承担,再怎样参禅也不能开悟,因此把他叫住,说:"学道参禅,要不断探究,破除疑惑,你为何老是不来问我呢?难道你没有疑惑了吗?"

　　克契还是那副恭敬不如从命的神情,说:"我觉得您

很忙，所以就不敢前来打扰！"

佛光当下把脸一沉，大声喝道："忙！忙！忙！我是在为谁忙啊？我也可以为你忙呀！"

假设克契那个时代就有幼儿园的话，那他小时候多半是个不给阿姨找麻烦的小朋友。但老师的宗旨不是把人都教育成老实听话的乖孩子，而是教出有真才实学的得意门生。而得意门生从何而来？一靠自己的努力，二靠老师的栽培。佛光之所以对克契大声警喝，为的也不过是告诉他作为你的老师，我有义务为你开释，你不用太多顾虑。在不该顾虑的时候顾虑，就是懦弱和无智。我们做人也是如此，损人利己的想法固然不可有，但一味地顾念别人，不肯为自己留一点路径，不仅会丧失前行的机缘，也无益于周围的人。要知道一个人只有掌握了更多的知识和更强的能力，才能更好地造福社会。

社会由个人组成，作为社会中的个体而存在，理所当然要顾虑别人的感受。如果人人都自私自利，丝毫不念及他人，不难想象，社会将失去应有的规则而处于与脱序状态。

但是，如果一个人一味地顾虑别人的感受，完全丧失自我，不给自己留一片自由伸展的空间去提升和实现个人价值，那么他也必将会失去作为个体而存在的应有意义。

过多地顾虑别人的感受，似乎是舍己为人的大义凛然之举，实则是自己狭窄的内心世界对别人心思的一种无端揣测，这种揣测常常令自己陷入痛苦的境地，把一切复杂的顾虑都集中在别人身上，丝毫不给自己劳累不堪的心一个歇息的机会。而别人是否领略得到你煞费苦心的顾虑，根本无从知晓。其实，很多顾虑只不过一厢情愿的庸人自扰罢了。

美国作家欧·亨利在《麦琪的礼物》中写到了一对贫困的夫妻都设身处地顾念对方，一个卖掉金表为妻子买了梳子，一个剪掉秀发为丈夫买了表链，结果双方的礼物都只能束之高阁而无法享用。这个让人潸然泪下的爱情故事固然值得称赞，但也折射出了顾念过度而催生出的阴差阳错所产生的缺憾。

顾念别人本身没有错，但凡事过度，势必物极必反！

在现实生活中，我们需要换位思考，多交流，一股脑儿地活在自己狭小的内心世界去揣摩别人，只会让自己越来越拘谨，造成精神高度紧张，从而产生各种生理和心理问题，造成无法弥补的损失。应该以理性的态度处理人际关系，顾念别人时把握好尺度，给大脑留下更多的空间去关注自身的真实感受，让自己健康快乐地生活。